DAS BUCH VOM
UNIMOG

ZWEIWEG
545 ZWEIWEG
4076.P
UNIMOG
1200

RALF MAILE

DAS BUCH VOM UNIMOG

KOSMOS

Mit 209 Farbfotos, 10 Farbfaksimile, 38-SW-Fotos und 21 Konstruktionszeichnungen aus den unten genannten Archiven (die Nummern in Klammern finden sich am Ende der jeweiligen Bildtexte wieder).
Archivbilder wurden zur Verfügung gestellt von den Firmen: (01) CAC; (02) DaimlerChrysler; (03) Haller; (04) Hartmann; (05) Kramer; (06) Kronenburg; (07) Lancier; (08) Opitz; (09) Rosenbauer; (10) Rotzler; (11) Unicat; (12) Werner; (13) Ziegler; (14) Binz; (15) Geo-Service.
Weiter enthält diese Ausgabe Bilder von: (20) Frank Brundelius; (21) Herbert Breuer; (22) Andreas Borgert; (23) Heinrich Ehrhorn; (24) Franz Fegg; (25) Hans Gohl; (26) Michael Hase; (27) Ursula Kleiner; (28) Stefan Krafft; (29) Ralf Koch; (30) Ralf Maile; (31) Harald Niemöller; (32) Jürgen Plate; (33) Gerhard Portenkirchner; (34) Wolfgang Sattler; (35) Martin Schupp; (36) Thorsten Streit; (37) Konstantin Tsiknas; (38) Toon Versnick; (39) Jochen Zimmermann; (40) Peter Ocker; (41) Mike Willig; (42) Peter Storz; (43) Wilfried Scheidemann.
Den Bildautoren an dieser Stelle ein herzliches Dankeschön für ihre Mitarbeit, die dieses Buch erst ermöglicht hat.

Umschlag gestaltet von Atelier Jürgen Reichert, Stuttgart. Die Bilder zeigen von links oben nach rechts unten: Unimog U25 (Baureihe 2010) als Löschfahrzeug (31); einen Unimog U900 (Baureihe 406) bei der Erprobung im Testgelände (Foto: N. Erlewein); einen Zweiwege-Unimog U1650 (Baureihe 427) in Brüssel (30); einen Unimog der Baureihe 427 mit Hubarbeitsbühne in Japan (02) sowie einen Unimog U2450L 6x6 (Baureihe 437) im Einsatz als Bohrgeräteträger. Bohrtiefen bis zu 250 m und Bohrdurchmesser bis zu 400 mm sind damit möglich (02).
Rückseite: Unimog U2450L 6x6 (Baureihe 437) als Wohnmobil unterwegs im Süden Afrikas (11).

Lektorat und Herstellung von Siegfried Fischer, Stuttgart

Zum Bild auf Seite 2:
Unimog-U1200-Zweiwegefahrzeug (Baureihe 427) im Einsatz bei den Verkehrsbetrieben (STIB) der belgischen Hauptstadt Brüssel. (30)

Die Deutsche Bibliothek – CIP-Einheitsaufnahme

Ein Titelsatz für diese Publikation ist bei
Der Deutschen Bibliothek erhältlich

ISBN 3-440-07939-2
Printed in Czech Republic/Imprimé en République tchéque
Satz und Repro: Typomedia Satztechnik, Ostfildern
Druck und Bindung: Těšínská Tiskárna AG, Český Tesín

Literatur- und Quellenhinweise:

Bücher:

Maile/Heeg, 40 Jahre Unimog (1. und 2. Auflage), Verlag Friedel Fiedler, 1988/1993
Niemeier/Döhmann, Das große Unimog-Buch, Heel-Verlag, 1992
Biemer, Der Unimog in der Feuerwehr, Band I und II, Kortlepel-Verlag, 1992/1993
Maile/Schupp, Unimog-H0-Modelle, Verlag Friedel Fiedler, 1993
Klingler/Wessel, Geschichten rund um den Unimog Band I und II, Art und Grafik Verlag, 1992/1997
Neubauer/Wessel, Die Automobile der Benzstadt Gaggenau, Neubauer-Verlag, 1986

Zeitschriften:

Lastauto Omnibus, verschiedene Kataloge, Motorbuch Verlag, 1984–1999
Unimog Veteranen Club, „Journal" 1991–1999, insbesondere Scheidemann/Niemöller, Fünfzig Jahre Unimog-Entwicklung
Unimog Club Gaggenau, „Unimog-Heftl", 1993–1999

Sonstiges:

DaimlerChrysler: Microfiche, Technische Handbücher, Prospekte, Datenblätter, Presseinformationen 1951–1999

Das Buch vom Unimog

Ein Wort vorab

Bekanntlich prägen einen Kindheitseindrücke ja manchmal auch fürs Leben. Ob dies in meinem Fall so war, kann ich nicht beurteilen. Zumindest war in Kindheitstagen ein hölzerner Steiff-Unimog mein liebstes Spielzeug. Später kamen dann Wiking-Modelle hinzu, darunter eine stattliche Zahl an Unimog.

Nach Jahren des Interesses für andere technische Dinge begegnete mir der Unimog wieder, und zwar während meiner Ausbildung in einer Mercedes-Benz-Generalvertretung. Fast täglich konnte ich nun die unterschiedlichsten Fahrzeuge sehen, und die Vielzahl der Geräte und Einsatzmöglichkeiten begann mich zu interessieren. Schon der erste Unimog verfügte über Baumerkmale, die bis heute unverändert das Unimog-Programm bestimmen:

- Allradantrieb und Differentialsperren
- Gefederte Achsen mit gleichgroßen Rädern
- Überragende Geländegängigkeit
- Hohe Straßen- und fein abstufbare Arbeitsgeschwindigkeit
- Kippbare Ladefläche
- Vollwertiges Fahrerhaus
- Geräteanbauräume vorne, Mitte und hinten
- Geräteantriebsmöglichkeiten durch Zapfwellen-Riemenscheiben und Hydraulik

In den Jahren seit 1948 wuchs aus dem 25-PS-Unimog eine stattliche Familie heran, die keinen Vergleich scheuen muß. Von den bisher 315 000 gebauten Unimog sind in über 160 Ländern der Erde noch immer über zwei Drittel im Einsatz. 20, 30, ja 40 Jahre sind nicht die Ausnahme, sondern eher die Regel eines Unimog-Arbeitslebens.

Eine solche Langlebigkeit erreichen nur wenige Kraftfahrzeug-Baureihen, wenn man einmal von den Erzeugnissen der Firma Rolls-Royce absieht. Diese erreichen zwar noch eine höhere Quote, dienen aber auch eher einem anderen Einsatzzweck. Obwohl es an Konkurrenzmodellen nie gefehlt hat, bleibt der Unimog in seiner Vielseitigkeit unerreicht. Nur der Jeep und die Land-Rover-Baureihe können hier mithalten, dies allerdings in einer anderen Tonnageklasse.

Das nachfolgende Buch ist als kleiner Einblick in die Geschichte, die Technik und das Anwendungsspektrum gedacht. Die Vielseitigkeit des Unimog bringt es mit sich, daß viele der im zweiten Kapitel vorgestellten Fahrzeuge auch an anderer Stelle, unter einem anderen Besitzer, Platz finden könnten.

Trotz aller Sorgfalt lassen sich Irrtümer und Fehler nicht ausschließen, daher sind Berichtigungen, Kritik und Anregungen willkommen. Sehr freuen würde ich mich über die Zusendung von Unimog-Fotos und -unterlagen, wie beispielsweise Prospekte. Das leihweise überlassene Material wird pfleglich behandelt und umgehend zurückgeschickt.

Und nun viel Spaß bei der Lektüre über das UNIVERSAL-MOTORGERÄT.

Ralf Maile
Silcherstraße 15, 71332 Waiblingen

Danksagung

Ein Buch wie dieses kann ohne die Mithilfe vieler engagierter Personen nicht entstehen. Besonders hervorheben möchte ich Martin Adam, Uwe Heintzer und Karin Weidenbacher.

Des weiteren gilt mein Dank auch Martin Flammer, Harald Niemöller, Wilfried Scheidemann, Joachim Katz, Dirk Biemer, Klaus W. Berndt, Herbert Breuer, Joachim Schaeper, K. L. Baer und G. Hundt.

Schließlich auch den Archivmitarbeitern für die Erfüllung all meiner Wünsche, und natürlich den Unimogfahrern und -besitzern, für das bereitwillige Rangieren während der Fotoarbeiten.

Der erste Unimog-Prospekt. Er wurde 1948 auf der DLG in Frankfurt verteilt.

UNIMOG
UNIMOG
UNIVERSAL-MOTORGERÄT
für die Land- u. Forstwirtschaft
Ein modernes Fahrzeug für die Land- u. Forstwirtschaft
Mehr als vollwertiger Ersatz für Pferde, mehr als ein Schlepper — das ist der UNIMOG! Ganz für universellen Dienst entwickelt, ist der UNIMOG:
Eine landwirtschaftliche Zugmaschine, die durch ihren 4-Rad-Antrieb und einen sparsamen 25 PS-4 Zylinder-Dieselmotor jedes Gelände meistert und zwischen 3,35 km/Std. (Acker) und 50 km/Std. (Straße) außergewöhnl. Zugleistung aufweist.
Ein Ackerschlepper, der mit allen üblichen und vorhandenen Feldgeräten und bei jedem Boden benützt werden kann. Zusätzliche Druckluft-Kraftheber lassen die Geräte vom Fahrersitz aus und ohne fremde Hilfe zuverlässig und leicht bedienen.
Ein Motormäher, der mit Vorderbalken arbeitet und das Vormähen erspart.
Ein Transportfahrzeug mit bester Straßenlage und Lenkung, das auf seiner gut gefederten Pritsche 20 Zentner tragen oder 10 Personen befördern kann.
Ein Waldschlepper, der dank seiner großen Beweglichkeit und Bodenfreiheit alle Waldarbeiten mit vielen Vorteilen löst.
Eine Kraftantriebsquelle, die mit vorderer und hinterer Zapfwelle und seitlichem Riemenscheiben-Abtrieb zu vielfältigem Einsatz brauchbar ist.
Ein Universalfahrzeug, das durch seine viel größere Verwendbarkeit die Arbeit des Bauern schneller, sparsamer, besser macht!

UNIMOG

UNIVERSAL-MOTORGERÄT

Motor: Daimler-Benz-Dieselmotor 4 Zyl., 25 PS; Kraftstoffverbrauch auf dem Acker ca. 4 Ltr./Std., auf der Straße ca. 9 Ltr./100 km; mit Wasserkühlung, elektr. Anlasser, Bosch-Diesel-Einspritzausrüstung.

Antrieb: Vierrad-Antrieb mit im Fahren zu- und abschaltbarem Vorderradantrieb und Differentialsperre vorne und hinten. Getriebe mit 6 Vorwärts- und 2 Rückwärtsgängen. Schraubengefederte Achsen.

Bereifung: Vorn und hinten 6,50 x 20 Transport oder Gelände (nach Wunsch); 1 Ersatzrad. Vierrad-Öldruckbremse und mechanische Handbremse. Allseitig geschlossener und geräumiger Fahrer- und Beifahrersitz mit Windschutzscheibe und Verdeck.

Elektr. Anlage: Fabrikat Bosch, 12 Volt, 90 Ah-Batterie, 2 Scheinwerfer, Horn, Scheibenwischer, Winker.

Gewicht: ca. 1600 kg, leer. Gleicher Achsdruck vorn und hinten bei Zug oder Belastung (halbe Bodenpressung bei höchster Zugleistung).

Sonderantriebe: Zapfwellen vorn und hinten 540 Uml./Min., Riemenantrieb seitlich, 1000 Uml./Min., Riemenscheibe 315 mm ∅.

Auf Wunsch: Vorder-Mähbalken mit 1,50 m Schnittbreite. Kraftheber vorn und hinten durch Druckluft betätigt, kombiniert mit Anhängerbremsung. Seilwinde mit ca. 3000 kg Zugleistung.

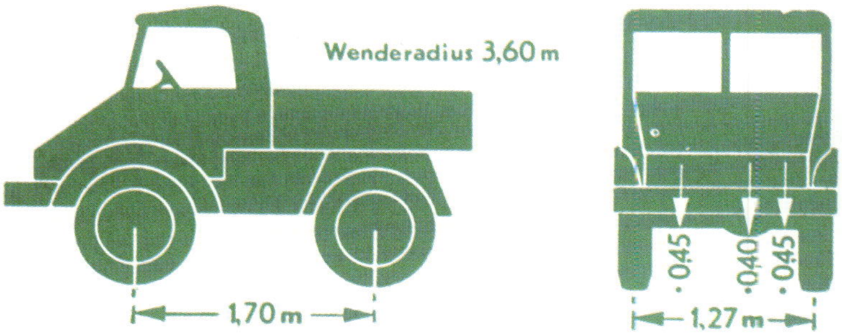

Sie müssen den UNIMOG sehen und fahren

Er kostet weniger, als Sie mit ihm sparen und verdienen können, denn Sie brauchen mit ihm weniger Arbeitskräfte und können mehr Pferde entbehren. Sein Arbeitsgebiet ist größer und Sie arbeiten schneller. Für seine Zuverlässigkeit und Lebensdauer bürgt sein Herstellerwerk:

GEBR. BOEHRINGER G. M. B. H.

Abteilung: UNIMOG-Fahrzeugbau

(14a) Göppingen Württ.

Die Entstehungsgeschichte des Unimog und die Weiterentwicklung bis heute

Bereits Anfang 1945 war das Ende des Zweiten Weltkrieges abzusehen. Mit dem Einmarsch der alliierten Truppen endete fast die gesamte Industrieproduktion. Bekannt war auch schon, daß Deutschland in Zukunft ein Agrarland nach Maßgabe des Morgenthau-Plans werden sollte.

Zu dieser Zeit war Dipl.-Ing. Albert Friedrich Leiter der Flugmotorenentwicklung bei Daimler-Benz. Ihm wurde schnell klar, daß bei einer konsequenten Umsetzung des Morgenthau-Plans des Fortbestehen einer Flugzeugindustrie nicht mehr möglich war. Überhaupt war es unklar, inwieweit die Industrie mit Fahrzeug-, Maschinen- und Werkzeugbau noch existieren konnte.

Eine Chance für die Zukunft sah er im Bau einer für ein Agrarland wichtigen Landmaschine. Allerdings sollte sich die Neuentwicklung von den bisherigen Schleppern unterscheiden. Sie sollte alle anfallenden Arbeiten in der Land- und Forstwirtschaft bewältigen und da fahren können, wo ein Pferd gehen kann.

Im Sommer 1945 wurden Gespräche mit Fachleuten geführt und erste Studien erstellt. In diesem Stadium bekundete Daimler-Benz durchaus Interesse an der Entwicklung dieses Fahrzeuges. Leider mußte Albert Friedrich im Herbst 1945 das Unternehmen verlassen, ebenso wie viele andere, die an Rüstungsprojekten mitgearbeitet hatten. Doch er hielt weiterhin an seiner Idee fest, die erste Projektzeichnung datiert vom 7. September 1945.

Am 9. Oktober 1945 stellte er sein Konzept der für die Ernährung und Landwirtschaft zuständigen Stelle der amerikanisch-britischen Besatzungsmacht vor. – Mit dem Erfolg, daß er am 21. November 1945 die „Production-Order“ erhielt, die ihm gestattete, zehn Versuchsfahrzeuge zu bauen. Nun stellte sich die Frage, wo und wie man mit der Entwicklung beginnen sollte.

Daimler-Benz hatte inzwischen mit der Produktion von dringend benötigten Fahrzeugen für den Wiederaufbau begonnen und zeigte nun kein Interesse mehr an dem Projekt.

Albert Friedrich verfügte aus seiner früheren Zeit noch über gute Kontakte zur Gold- und Silberwarenfabrik Erhard & Söhne in Schwäbisch Gmünd. Aufgrund seiner Zu-

Das erste Versuchsfahrzeug, der Prototyp „U1“, aufgenommen im Dezember 1946. Deutlich erkennbar ist die Hutze in der Motorhaube, welche aufgrund der langen Wasserpumpe des eingebauten Ottomotors nötig war. Aufgrund des noch sehr hoch liegenden Rahmens ist die Karosserie deutlich höher als bei der späteren Serienausführung. (31)

lieferungen für Flugmotoren stand der Betrieb auf der Demontageliste. Mit der Fertigung eines landwirtschaftlichen Fahrzeuges ließ sich dies vielleicht umgehen, und so stellte man gerne die benötigten Räumlichkeiten zur Verfügung.

Am 28. November 1945 begann für Albert Friedrich und zwei weitere Ingenieure die Arbeit, ab dem 1. Dezember 1945 firmierte die Abteilung unter dem Kürzel „L“ für Landwirtschaft. Der Personalbestand wurde aufgestockt, und ab dem 2. Januar 1946 gehörte auch Dipl.-Ing. Heinrich Rößler, ein Fahrzeugbauspezialist, zum Team.

Abweichend von der ersten Gestaltungsform, die Albert Friedrich skizziert hatte, konstruierte Heinrich Rößler einen

Kurz vor der Serienfertigung entstand dieses Bild des Boehringer-Unimog. Ochsenkopfwappen und Schriftzug sind nur provisorisch auf der Haube befestigt. Auch sind noch, wie bei den ersten 100 gebauten Fahrzeugen üblich, die Scheinwerfer hinter dem Kühlergrill angebracht. Ansonsten blieb das Erscheinungsbild über 25 Jahre unverändert, obwohl durch technische Neuerungen und Verbesserungen jedes Bauteil im Lauf der Zeit verändert wurde. (02)

Einen Vergleich erlaubt diese Aufnahme. Beginnend von links sind folgende Baureihen zu sehen: Unimog mit geschlossenem Fahrerhaus der Baureihe 411, Unimog mit Faltverdeckfahrerhaus der Baureihe 411, Unimog mit geschlossenem Fahrerhaus der Baureihe 401 sowie ein Boehringer-Unimog der Baureihe 70 200. (43)

neuen Entwurf, der bereits am 28. Januar 1946 vorlag. Allerdings rechnete man noch mit Schwierigkeiten bei der Umsetzung, und so entstand ein abgeänderter Entwurf, der am 3. März 1946 akzeptiert wurde.
Nun wurden Zulieferer für die einzelnen Komponenten ausgesucht. Getriebe und Achsen sollten von der Zahnradfabrik Augsburg geliefert werden, die Gußteile steuerte die Firma Boehringer aus Göppingen bei. Nachdem Gespräche mit mehreren Motorenherstellern ohne Ergebnis blieben, wählte man vorerst den Ottomotor M136 von Mercedes-Benz aus. Dieselmotoren, die in der Größe und Leistung geeignet waren, standen nicht zur Verfügung.

Der Fortgang der Entwicklung erforderte die Gründung einer Entwicklungsgesellschaft mit mehreren Mitgliedern, so daß zumindest die finanzielle Seite der Entwicklung gesichert war. Schon zu diesem Zeitpunkt war die Firma Boehringer stark an einer Beteiligung an dem Fahrzeugprojekt interessiert, zumal auch Boehringer, ein bedeutender Werkzeug- und Maschinenbauer, auf der Demontagel ste der Alliierten stand. Nur Firmen, die Erzeugnisse für den Morgenthau-Plan fertigten, wurden von dieser Liste gestrichen.
Dipl.-Ing. Hans Zabel war mit der Beschaffung der nötigen Rohmaterialien betraut, von ihm stammt auch der Name Unimog, der ausgeschrieben Universalmotorgerät bedeutet. Das Kürzel fand im Entwicklungsteam soviel Anklang, daß die anderen ins Kalkül gefaßten Namensvorschläge nicht zum Zuge kamen.
Im Sommer 1946 entstand dann das erste Fahrzeug. Da noch immer kein Dieselmotor verfügbar war, blieb es beim Einbau des Ottomotors mit 1,7 Liter Hubraum.
Am 9. Oktober 1946 war es dann soweit: das erste fahr-

Lange Jahre war dieser Unimog U25 der Baureihe 401 bei einer Fellbacher Baufirma im Einsatz. Auf der Pritsche befand sich eine leistungsstarke Seilwinde. Nach dem Kauf und der Restaurierung gehört er nun als Ausstellungsfahrzeug zur Unimog-Generalvertretung Felix Kloz in Fellbach.
Das Ganzstahl-Fahrerhaus für die Baureihe 401 wurde seinerzeit von der bekannten Firma Westfalia im Lohnauftrag für Mercedes-Benz gebaut. Auch die ersten Fahrzeuge der Baureihe 411 wurden noch bis zur Ablösung durch das Mercedes-Benz-Fahrerhaus mit dieser Ausführung gefertigt.
Insgesamt wurden 4804 Exemplare von der Baureihe 2010 gefertigt, das nur wenig veränderte Nachfolgemuster 401/402 brachte es auf 11 446 gebaute Fahrzeuge. (30)

Die Abschlußausführungen der Baureihe 411 mit offenem und geschlossenem Fahrerhaus. Diese Baureihe befand sich von 1956 bis 1974 im Angebot. In diesem Zeitraum wurde die Leistung schrittweise von 25 über 30 und 32 auf zuletzt 34 PS angehoben. Insgesamt wurden 39 581 Fahrzeuge dieser Baureihe hergestellt. (02)

fähige Fahrgestell stand zur Probefahrt bereit. Erstaunlicherweise war der erste Entwurf so gut gelungen, daß nur kleinere Änderungen nötig waren. Nun konnte mit dem Bau weiterer Prototypen begonnen werden. Im November 1946 war dann das erste Fahrzeug mit Fahrerhaus, Pritsche und Verdeck versehen und wurde am 20. November 1946 im Rahmen einer kleinen Feier auf den Namen Unimog getauft. Es war ein für die damalige Zeit durchaus revolutionäres Fahrzeug, das gegenüber herkömmlichen Schleppern folgende Vorteile bot:

- Hohe Geschwindigkeit, die 50 km/h waren für einen Schlepper ungewöhnlich
- Gefederte Achsen
- Allradantrieb
- Ausgeglichene Gewichtsverteilung, daher kein Aufbäumen im Zugbetrieb
- Alle Räder gebremst
- Geschlossenes Fahrerhaus mit gepolsterten Sitzen und Verdeck
- Ladefläche für Transportzwecke

Im Frühjahr 1947 begannen die Erprobungen, wobei die gezeigten Leistungen die anwesenden Fachleute verblüfften, vor allem, da dies mit Straßenreifen geschah. Spezielle Reifen für den Unimog gab es noch nicht. Im Juni 1947 war mit einem Mähbalken auch das erste Anbaugerät zum Unimog fertiggestellt. (Bis heute folgten fast 2000 weitere nach.) Sorgen machte allerdings, daß es seitens Daimler-Benz immer noch keine Lieferzusage für den OM-636-Dieselmotor gab, obwohl für Versuchszwecke bereits zwei Exemplare bereitstanden. Trotzdem wurde schon die Serienproduktion vorbereitet. Da die Firma Boehringer noch

Mit über 62 000 gebauten Exemplaren ist die Baureihe 404 bislang der meistgefertigte Unimog. Primär als Militärfahrzeug für die Bundeswehr entwickelt, wurde er in der Folgezeit weltweit eingesetzt. Darüber hinaus fand er in vielen zivilen Bereichen weite Verbreitung, hier insbesondere im Feuerwehrbereich. (02)

Ab Frühjahr 1963 war die Baureihe 406 erhältlich. Auch bei dieser Baureihe wurde die Leistung kontinuierlich erhöht. In der ersten Ausführung sorgten 65 PS, zuletzt 84 PS, für den Antrieb. Insbesondere im Kommunaleinsatz war die Baureihe 406 jahrzehntelang das „Arbeitspferd" von Bauhöfen und Straßenmeistereien. Bis zur Ablösung durch die Baureihe 417 im Jahr 1988 wurden über 37 000 Fahrzeuge gebaut.
Abgebildet ist ein Fahrzeug bei Zugkraftversuchen. Etwas skurril wirkt der dafür verwendete Spezialanhänger, der mit einem Lkw-Fahrerhaus ausgestattet wurde. (02)

immer an der gesamten Übernahme des Projektes interessiert war und aus Kapazitätsgründen eine komplette Fertigung bei Erhard & Söhne nicht möglich war, bereitete man sich auf den Umzug nach Göppingen vor.
Inzwischen hatte Heinrich Rößler auch ein spezielles Unimog-Getriebe konstruiert, welches das ZF-Getriebe ersetzte. Im Januar 1948 zog dann die gesamte Unimog-Mannschaft nach Göppingen um. – Natürlich mit den bis dahin entstandenen Unimog, die sich bei diesen Transportfahrten gut bewährten. Parallel hierzu wurden auch die ersten Kontakte aufgenommen, mit dem Ziel, weitere Anbaugeräte für den Unimog anbieten zu können, so mit Rabe (Pflüge), Holder (Spritzgeräte) und Schmotzer (Fronthackgerät).
Im August 1948 wurde der Unimog während der Ausstellung der Deutschen Landwirtschaft Gesellschaft (DLG) in Frankfurt erstmals der Öffentlichkeit vorgestellt. Das Interesse war riesengroß, ständig war der Stand umlagert, und trotz des stolzen Preises von DM 13 800,– gab es überraschend viele Kaufinteressenten. Eine weitere gute Nachricht war die Lieferzusage seitens Mercedes-Benz über die ersten 600 Dieselmotoren vom Typ OM 636 I-U. Die nächsten Schritte waren der Aufbau einer Verkaufsorganisation sowie die steuerliche Einstufung des Unimog als Sonderfahrzeug, das somit beim Einsatz in der Land- und Forstwirtschaft steuerfrei betrieben werden konnte. Ein weiterer wichtiger Punkt war die Beschaffung eines Reifens, der zum Unimog-Einsatzspektrum paßte. Mit viel Überzeugungsarbeit wagte dann die Firma Continental den Schritt und entwickelte trotz ungewisser Absatzzahlen das Profil SR 1, das sich dann in allen Einsatzsituationen bestens bewährte.

Um weitere Anbaugeräte betreiben zu können, wurden pneumatische Front- und Heckkraftheber entwickelt.
Auch wurde am 21. November 1948 das Unimog-Konzept durch das Deutsche Patentamt unter der Nummer 950 430 patentiert. Im Februar 1949 konnte, nach Überwindung einiger Anlaufschwierigkeiten, die Serienproduktion beginnen, und im März wurden die ersten Fahrzeuge an ihre künftigen Besitzer ausgeliefert. Parallel hierzu wurde das Vertreternetz ausgebaut und einige Firmen der ersten Stunde sind noch heute Unimog-Generalvertretungen, so Henne/München oder Kloz/Fellbach. Namhafte Zulieferfirmen beteiligten sich am Bau des Unimog. So kamen unter anderem:
Differentiale von Heinkel
Felgen von Lemmerz
Reifen von Continental
Elektrik von Bosch
Druckluftanlage von Westinghouse
Pritsche von Spieth
Fahrerhäuser und Blechteile von Erhard & Söhne
Steckachsen von Klein
Nachdem die erste Vorserie von 100 Fahrzeugen fertiggestellt war, lief im Sommer 1949 die erste Hauptserie mit 500 Fahrzeugen an. Pro Woche konnten nun zwischen sieben und neun Unimog fertiggestellt werden. Äußerlich waren die ersten 100 Fahrzeuge an hinter dem Kühlergrill eingebauten Scheinwerfern erkennbar. Die Zahl der zur Verfügung stehenden Anbaugeräte stieg auch stetig an, eines der wichtigsten war die Heckseilwinde.
Zunehmend kamen auch Interessenten aus anderen Sparten hinzu, wie Industrie, Kommunen, Bauindustrie und Feuerwehren. Auch das Militär zeigte nun Interesse, als erster Kunde bestellte die Schweizer Armee 250 Fahrzeuge, was als großer Erfolg gewertet werden konnte. Dank der Serienfertigung konnte der Unimog-Grundpreis inzwischen auf DM 9975,– gesenkt werden, was zu einer weiteren Verkaufszunahme beitrug. Diese höheren Stückzahlen warfen aber auch die Frage nach einer Produktionserweiterung auf, die einiges an Investitionen erforderte. Auch gab es seitens Daimler-Benz bislang noch keine weitere Lieferzusage über die ersten 600 Motoren hinaus, allerdings zeigte man nun plötzlich wieder Interesse an dem Fahrzeug, was si-

cherlich auch auf die steigende Bekanntheit zurückzuführen war. Zur nächsten DLG in Frankfurt 1950 wurde am Boehringer-Messestand ein breit gefächertes Angebot an Fahrzeugen und Geräten präsentiert. Die Unimog-Produktion konnte auf fünfzig Fahrzeuge im Monat gesteigert werden.

Nachdem Gespräche mit anderen Firmen wie Henschel und Hanomag ohne Ergebnis blieben, kam eine Einigung mit Daimler-Benz zustande. Daimler-Benz erwarb die komplette Unimog-Produktion mit sämtlichen Unterlagen und Patenten von der Unimog-Entwicklungsgesellschaft und der Firma Boehringer. Als neuer Produktionsstandort war das Lkw-Werk in Gaggenau vorgesehen. Ab Januar 1951 begann der Umzug, der aufgrund der noch bis März 1951 laufenden Boehringer-Produktion nur schrittweise erfolgte. Nach dem Überwinden einiger Startschwierigkeiten, die den Prouktionsanlauf verzögerten, verließ im Mai 1951 der erste Mercedes-Benz-Unimog das Band im Werk Gaggenau, um auf der DLG-Ausstellung in Hamburg erstmals unter dem neuen Hersteller präsentiert zu werden. Die Firma Boehringer wandte sich wieder dem angestammten Feld des Maschinen- und Werkzeugbaus zu.

Noch im Jahr 1951 verließen weitere 1004 Unimog das Werk in Gaggenau, die Verkaufsbezeichnung blieb mit Unimog, 25 PS, unverändert, nur die Baureihenbezeichnung wechselte von 70 200 (Boehringer) zu 2010 (Mercedes-Benz). Äußerlich fast unverändert, wurden diverse Bauteile für eine bessere Serienfertigung nach und nach verändert.

Trotz des weltweiten Erfolges des Unimog wurden in der Land- und Forstwirtschaft immer weniger Fahrzeuge eingesetzt. Daher stellte Daimler-Benz zur DLG im Juli 1972 die MB-trac-Baureihe vor, bei der viele Baugruppen des Unimog in abgewandelter Form zum Einsatz kamen. Auf Anhieb wurde der MB-trac ein Erfolg, und in den folgenden Jahren entstanden Typen, die ein Leistungsspektrum von 65 bis 180 PS abdeckten. Bis zur Produktionseinstellung 1993 wurden insgesamt 41 365 Fahrzeuge der MB-trac-Baureihen 440 bis 443 gefertigt.
Der rechts abgebildete MB-trac 800 (Baureihe 440) trägt noch die ursprüngliche Lackierung in Kieselgrau/Rot. (42)

Unten: MB-trac 1300 turbo aus der Baureihe 443. (02)

Der erste Typ der schweren Unimog-Baureihe 425 war der U1300, dessen Serienfertigung im Januar 1976 begann. Die Fahrzeuge der ersten Serien lassen sich leicht an den nur an den A-Säulen des Fahrerhauses befestigten Rückspiegeln erkennen.
Bis zum Baureihenwechsel wurden 3135 Fahrzeuge dieser Baureihe gefertigt. (02)

Aber erst zur DLG 1953 in Köln erhielt das Fahrzeug den Mercedes-Stern, wobei das Ochsenkopf-Signet aus der Boehringer-Zeit weiterhin auf der Motorhaube plaziert blieb (bis 1955). Außerdem wurde die Baumusterbezeichnung 1953 in 401 geändert. Bis heute blieben die Baureihenbezeichnungen im 400er-Nummernbereich, und das Unimog-Programm wurde im Laufe der Zeit zu einer umfangreichen Familie ausgebaut, deren Grundkonzept bis heute unverändert erfolgreich ist.
Die nachfolgende Chronologie faßt die wichtigsten Eckpunkte der Unimog-Geschichte von 1945 bis 2000 zusammen.

Dieser U1150L der Baureihe 417 wird in Belgien eingesetzt. Die Baureihe 417 war nur von 1988–1992 im Angebot und wurde durch die komplett neu konstruierten Baureihen 408/418 ersetzt. Im Bauzeitraum entstanden 2275 Fahrzeuge. (38)

Unimog-Zeitschiene – Chronologischer Ablauf von 1945–1966

1945 Im Sommer erstellt eine Arbeitsgruppe erste Planungen und Studien.

1946 Im Januar wird der erste Unimog-Gesamtentwurf fertiggestellt. Am 09. Oktober findet die erste Probefahrt statt.

1947 Erste Erprobung und Praxistests.

1948 Am 29. August wird auf der DLG in Frankfurt der Unimog zum ersten Mal der Öffentlichkeit vorgestellt.

1949 Im März liefert die Maschinenfabrik Boehringer das erste Serienfahrzeug aus, bis1951 entstehen 600 Fahrzeuge.

1951 Im Mai übernimmt Daimler-Benz den Bereich Unimog von Boehringer.

1953 Der Unimog wird zusätzlich zum Ochsenkopfsignet mit dem Mercedes-Stern versehen. Ab September ist das geschlossene Fahrerhaus (Typ 401) für die Baureihe 401/402 lieferbar.

1955 Im Mai verläßt der erste Unimog der Baureihe 404 das Montageband.

1956 Im August erscheint der Unimog der Baureihe 411 und ersetzt die Baureihe 401/402.

1958 Erprobung von Prototypen der Baureihe 405 (Unimog SH und T), weitere Fahrzeuge folgen 1962.

1961 Im Mai läuft der 50 000. Unimog vom Band.

1962 Im Juli wird die Baureihe 406 vorgestellt, erstes Fahrzeug ist der U65.

1963 Für Sonderfahrzeuge sind nun Triebköpfe auf Unimog-Basis verfügbar.

1965 Vorstellung der Baureihe 416, erstes Fahrzeug ist der U80.

1966 Im Januar Vorstellung der Baureihe 421, erstes Fahrzeug ist der U40. Im April Vorstellung der Baureihe 403, erstes Fahrzeug ist der U54. Im Mai Auslieferung des 100 000. Unimog.

Zur Internationalen Automobilausstellung des Jahres 1992 wurden die beiden Baureihen 408 und 418 vorgestellt. Diese decken ein Leistungsspektrum von 87–140 PS ab. Besonders markant ist das neue Führerhaus mit Sichtkanal-Motorhaube, die eine sehr gute Sicht auf die Anbaugeräte ermöglicht. Oben ist ein U90 (Baureihe 408) zu sehen, unten ein U140 (Baureihe 418). (30/02)

Unimog-Zeitschiene – Chronologischer Ablauf von 1968–2000

Nur kurze Zeit trug der Unimog UX100 (Baureihe 409) den Mercedes-Stern. Mit der Konzentration auf die größeren Fahrzeuge des Unimog-Programms wurde er an die Hako-Firmengruppe abgegeben. Im Bild ein UX100H in Kommunalausführung. (30)

Seit ihrer Vorstellung im Jahr 1976 bilden die Unimog der mittleren und schweren Baureihen (424, 427, 435, 437) das Gros der ausgelieferten Fahrzeuge. Ständig verbessert, sind sie noch heute auf dem aktuellen Stand der Technik, abgebildet ein U1650 (Baureihe 427) mit Hinterachszusatzlenkung für erhöhte Wendigkeit. (02)

Ein Neufahrzeug der Baureihe 427, ein U1650, im aktuellen Outfit mit Euro-2-Motor, Hochdach-Fahrerhaus und überarbeitetem Kühlergrill, aufgenommen im Juni 1999. Mit der Einführung der neuen Unimog-Generation ab dem Jahr 2000 werden die mittleren und schweren Baureihen schrittweise abgelöst. (30)

1968 Beginn der Lizenzfertigung in Argentinien (Baureihe 426)

1969 Im Januar Vorstellung der Baureihe 413, erstes Fahrzeug ist der U80. Die argentinische Lizenzfertigung wird um die Baureihe 431 erweitert.

1971 Im August läuft der 150 000. Unimog in Gaggenau vom Band.

1974 Vorstellung der Baureihe 425, erstes Fahrzeug ist der U1300.

1976 Vorstellung der Baureihe 424, erstes Fahrzeug ist der U1000. Vorstellung der Baureihe 435, erstes Fahrzeug ist der U1300L.

1977 Der 200 000. Unimog wird produziert.

1984 Im September läuft der 250 000. Unimog vom Band.

1988 Das Unimog-Programm wird komplett überarbeitet, kurz nacheinander werden die Baureihen 407, 417, 427 und 437 vorgestellt.

1992 Ab dem 09. Mai sind die neuen Unimog-Baureihen 408 (U90) und 418 (U110, U140) auf der IAA in Hannover ausgestellt.

1993 Im Juli Vorstellung des Schwerlastgeräteträgers U2400TG der Baureihe 437. Die ersten dreiachsigen Unimog 6×6 werden erprobt.

1994 Am 15. März wird der U90 Funmog (Baureihe 408) zum Geländewagen des Jahres gewählt. Im Juli verläßt der 300 000. Unimog das Montageband.

1996 Ab dem 07. Mai wird auf der IFAT in München der kompakte Geräteträger UX100 (Baureihe 409) vorgestellt.

2000 Voraussichtlicher Produktionsbeginn der neuen Unimog-Baureihen.

Der Unimog im weltweiten Einsatz...

...in der Land- und Forstwirtschaft

Ursprünglich war der Unimog als landwirtschaftliches Zuggerät vorgesehen, aber schon bald entdeckten das Baugewerbe, die Kommunen und das Militär seine Vorzüge. Weitere Branchen folgten, und die Mehrzahl aller gebauten Unimog wird nicht mehr in der Land- und Forstwirtschaft eingesetzt. Begünstigt wurde diese Entwicklung durch den großen Erfolg der Schwesterbaureihe MB-trac, die auch vom Unimog Marktanteile eroberte. Aber noch immer sind die verschiedenen Baureihen weltweit in der Land- und Forstwirtschaft zu finden. Überwiegend werden sie als Geräteträger, Zug-, Antriebs- und Transportmittel genutzt, ganz egal ob dies bei der Zuckerrohrernte in Südamerika oder bei der Forstkalkung in Deutschland geschieht. Er fährt noch immer da, wo ein Pferd gehen kann.

Oben: Mit dem ersten Unimog-Prototyp U1 wurden bereits viele Erprobungen und Versuche durchgeführt, um ihn auf seine Eignung als landwirtschaftliches Zuggerät zu testen. Die daraus gewonnenen Erkenntnisse flossen in Änderungen und Verbesserungen ein. Da es zu dieser Zeit noch keine passenden Geländereifen für den Unimog gab, mußte man mit Straßenreifen vorliebnehmen, was die Sache nicht erleichterte. Angehängt ist ein Bodenbearbeitungsgerät. (31)

Unten: Noch immer im Einsatz bei einem Weingärtner ist dieser U25 der Baureihe 401. Als Sonderausstattung verfügt das Fahrzeug auf der linken Seite über eine Seilwinde, den sogenannten Binger Seilzug, der in den Weinanbauflächen universell eingesetzt werden kann. Diese Aufnahme entstand während der Weinlese, auf der Pritsche und dem Anhänger befinden sich Transportbehälter für Weintrauben. (35)

Einen U600 mit Hardtop-Fahrerhaus zeigt dieses Bild, das 1997 in Ruhpolding aufgenommen wurde. Das Fahrzeug gehört zur Baureihe 421 und war ursprünglich im Kommunaldienst eingesetzt. Im Rahmen einer Komplettrestaurierung wurde es unter anderem in MB-trac-grün lackiert, eine Farbe, die am Unimog relativ selten verwendet wurde. (30)

Bei der Baumschule Zeeb in Fellbach ist dieser U900 eingesetzt. Das zur Baureihe 406 gehörende Fahrzeug ist mit einem Hardtop sowie erhöhten Bordwänden ausgestattet. Neben dem Material- und Personentransport wird es zum Ziehen diverser Anhänger verwendet. (30)

U1600 (Baureihe 427) im Einsatz bei einem Lohnunternehmer im oberbayerischen Chieming. Mittels des Front- und Heckkrafthebers, der Zapfwellen und Hydraulikanschlüsse können die unterschiedlichsten Geräte betrieben werden. Angehängt ist ein Kreiselheuwender. (30)

Unten: Nagelneu ist dieser U1600 (Baureihe 427) in landwirtschaftlicher Ausführung. Auffällig an diesem Fahrzeug ist die breite Spur, wobei die Reifen deutlich über die Kotflügel ragen. Ebenso wie das obere Fahrzeug ist auch dieser Unimog mit einer Klimaanlage von Behr ausgerüstet. Diese Option bewährt sich insbesondere dann, wenn Arbeiten bei geringer Geschwindigkeit durchgeführt werden müssen und die Außentemperaturen hoch sind. Die kleinste Arbeitsgeschwindigkeit liegt beim Unimog bei 80 Meter in der Stunde. (30)

Bedingt durch seine kurze Bauart und die hohe Straßengeschwindigkeit, wird der Unimog im landwirtschaftlichen Bereich oft als Zugfahrzeug für Transporte eingesetzt. Darüber hinaus besteht die Möglichkeit, innerhalb der gesetzlichen Vorschriften zwei Anhänger zu ziehen. Nachfolgend nun drei Fahrzeuge im Transporteinsatz.

Dieser U2100 aus der Baureihe 437 dient als Zugfahrzeug für einen Anhänger beim Zuckerrübentransport. Um die Ladefläche des Unimog optimal zu nutzen, sind die Bordwände erhöht. Frontseitig ist ein hydraulischer Kraftheber angebaut. (30)

Mit zwei Anhängern ist dieser U1400 unterwegs. Auch hier wurden zur Erhöhung des Ladevolumens die Bordwände der Anhänger erhöht. (31)

Über mehrere Unimog-Zugmaschinen verfügt die Firma Landhandel Stöfen nahe der Nordseeküste. Eine Vielzahl unterschiedlicher Anhänger dient zum Transport diverser Futtermittel, Düngerarten und sonstiger landwirtschaftlicher Güter. Abgebildet ist ein U1800 der Baureihe 437, der einen mit Behältern beladenen Anhänger zieht. (30)

Oben: Ein U1750 der Baureihe 437 beim Ausbringen von Gülle ist hier zu sehen. Das mit großvolumigen Terra-Reifen ausgerüstete Fahrzeug trägt einen 6000 Liter fassenden Aufbautank der Firma Zunhammer. Die Ausbringung erfolgt über einen Prallkopfverteiler am Heck. Frontseitig ist eine 2730 l/min leistende Ansaugpumpe zur Entnahme am Gülle-Lagerort angebaut. (34)
Unten: In England ist dieser Sattelzug, bestehend aus einem Unimog U2450 der Baureihe 437 und einem zweiachsigen Sattelkippauflieger, unterwegs. Mit diesem Fahrzeug werden Zelluloserückstände transportiert, die dann auf Feldern als Düngemittel verteilt werden. Bei einem Zuggesamtgewicht von 31 Tonnen beträgt die Nutzlast 19 Tonnen. (02)

Nächste Doppelseite: Seilwindenprospekt vom November 1959, der anschaulich die verschiedenen Bauarten für den Unimog aufzeigt.

TECHNISCHE DATEN · BESCHREIBUNG

Seilwinden

UNIMOG

	Seilgeschwindigkeit ca. m/sec	ca. m/min	Zugkraft kg	Seillänge m	Durchmesser mm
Vordere Seilwinde A	0,8—1	48—60	3 000—3 500	50	11
Vordere Seilwinde C	0,31—0,41	18,6—25	3 000—3 500	50	12
Hintere Seilwinde	0,6—0,7	36—45	3 500	70	11

Vordere Seilwinde A

Einfache Ausführung mit Einlaufmaul und Rücklauf-Sperrklinke.

Die Seilwinde wird auf der Stoßstange aufgesetzt und über die vordere Zapfwelle angetrieben. Sie dient zur Selbstbergung des Unimog in unwegsamem Gelände, zum Bergen anderer Fahrzeuge, zum Ziehen schwerer Lasten und zu ähnlichen Arbeiten.

Vordere Seilwinde C

Ausführung mit zusätzlichem Reduziergetriebe zur Verminderung der Seilgeschwindigkeit sowie mit Rücklaufsperre und Bandbremse zum Ablassen von Lasten.

Die Bandbremse ermöglicht es, mit Hilfe einer Umlenkrolle angehobene Lasten wieder abzulassen und in jeder beliebigen Höhe festzuhalten. Mindestlast für den Seilauszug beim Lastablassen ist etwa 200 kg. Dadurch eignet sich diese Winde vor allem zum Aufstellen von Masten, zum Verlegen von Rohren oder Kabeln und zum Aufrichten von Stahlkonstruktionen.

Daimler-Benz AG · Werk Gaggenau

UNIMOG macht schwere Arbeit leicht

U 1386 1159 Printed in West-Germany

Überall, wo Seilwinden gebraucht werden — im Forst, im Baugewerbe, bei Kommunalbehörden, im Katastropheneinsatz und bei vielen anderen Arbeiten — bieten die Anbau-Seilwinden zum Unimog besondere Vorteile:

sie sind außerordentlich robust und mit Spezialseilen ausgerüstet,

der Unimog-Motor mit seinen 32 PS verleiht ihnen eine hohe Zugleistung,

dank der Geländegängigkeit des Unimog lassen sie sich überall einsetzen,

ihre zweckmäßige Anbringung bietet dem Personal volle Übersicht über Winde, Seil und Zuglast,

die Bedienung der hinteren Seilwinde macht die Handhabung denkbar einfach und schließt Schaltfehler und Störungen praktisch aus,

Spezial-Standketten zur hinteren Seilwinde geben dem Unimog bei schwerem Zug auch auf ungünstigem Boden festen Halt,

für die unterschiedlichen Aufgaben gibt es Seilwinden zum Betrieb über die hintere und über die vordere Zapfwelle.

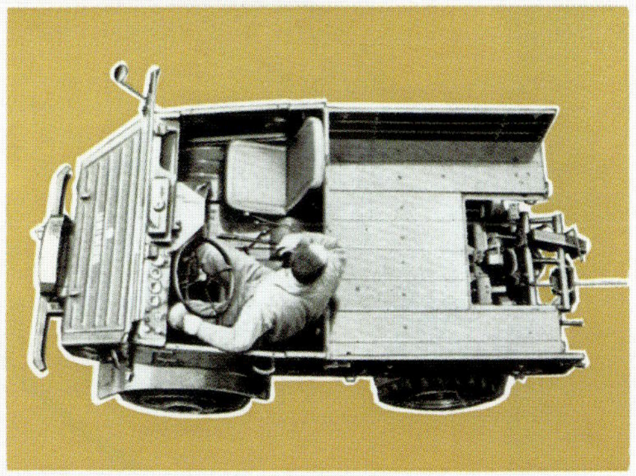

Hintere Seilwinde

Die hintere Seilwinde wird an den rückwärtigen Anbauböcken befestigt und über die hintere Zapfwelle durch eine Doppelrollenkette angetrieben. Dabei bleibt die Ackerschiene für den Anbau weiterer Geräte frei. Seilwindengetriebe und Einschaltkupplung laufen in Öl. Die Normalausführung ist mit einem Einlaufmaul ausgestattet. Durch die Anbringung einer Spulvorrichtung an Stelle des Einlaufmauls wird das Seil weitgehend geschont, und zudem braucht der Unimog nicht mehr genau in Zugrichtung aufgestellt werden. Schnellanschlüsse an der Spulvorrichtung erlauben rasches An- und Abbauen. Zum leichteren Seilauszug kann die Seiltrommel vom Getriebe abgeschaltet werden. Zur hinteren Seilwinde gibt es auch eine Rücklaufbremse. Sie erlaubt, das Seil auch unter Spannung in jeder Stellung anzuhalten, feinfühlig abzulassen und es auch dabei jederzeit wieder zum Stehen zu bringen. Diese Sonderausrüstung wird zwischen Stoßstange und Kühlergitter montiert und mit der vorderen Zapfwelle verbunden. Die Bedienung von Seilwinde und Rücklaufbremse erfolgt vom Fahrersitz aus. Die hintere Seilwinde hat sich besonders im Forsteinsatz beim Rücken schwerer Stämme bewährt: Je nach der Lage kann dabei über die Seilwinde oder im direkten Zug mit dem Unimog gearbeitet werden. Gleichzeitig dient sie zum Aufzug von Langholz auf Rückewagen. Weitere Anwendungsgebiete in Industrie und Gewerbe sind die Bergung von Fahrzeugen und das Ausziehen von Masten über den Mastenziehbock. Die Winde dient auch zur Bodenbearbeitung in stark hängigem oder morastigem Gelände und in engstehenden Kulturen.

Unimog U900 der Baureihe 417, ausgerüstet von der Firma Werner als Rückeschlepper für den Forstbetrieb. Fahrerhaus, Fahrgestell und Leuchteinheiten sind durch Abdeckungen geschützt. Das Frontpolderschild dient zum Anlegen von Zwischenlagern am Wegesrand. (12)

Unimog U1100 aus der Baureihe 416, wie er von der Firma Schmidt aus Sengenthal zur Waldkalkung eingesetzt wird. In dem kugelförmigen Silo befindet sich das Bindemittel, das von einem Schleudergebläse ausgebracht wird. Die Wurfleistung beträgt zwischen 20 und 80 Meter. (26)

Ein imposantes Gespann zeigt dieses Foto: einen Unimog der schweren Baureihe 425, ausgerüstet mit einem Epsilon-Holzladekran und teleskopierbarem Müller-Anhänger, beim Stammholztransport (02)

Als Gegenstück zum Bild oben ein U1650 der Baureihe 427 als Holztransporter im schweizerischen Vna/Graubünden. Interessant hierbei der Kranbedienstand hinter dem Fahrerhaus sowie die Holzgreiferaufnahme an der vorderen Anbauplatte. (30)

Einen Unimog U1750 der Baureihe 437 zeigt dieses Bild. Aufgebaut ist ein Optimal-VF-1600-Baumverpflanzungsgerät der Firma Opitz. Mit diesem Gerät können Bäume bis zu einem Ballendurchmesser von 1600 mm transportiert und umgesetzt werden. Die maximale Grabtiefe beträgt 1000 mm. (08)

Ebenfalls zur Baureihe 437 gehört der U2100 der Firma Reichardt aus dem Ulmer Raum. Auf dem Fahrzeug ist eine Bedienkabine aufgebaut, von der aus der Ladekran und das Häckslеraggregat, die sich auf dem Anhänger befinden, gesteuert werden. Der Häckslerantrieb erfolgt über die hintere Zapfwelle des Unimog. (30)

... im Kommunalbereich

Der Kommunalbereich ist das Einsatzgebiet für den Unimog geworden. Schon kurze Zeit nach der Unimog-Vorstellung entdeckten Städte und Gemeinden seine Vorzüge. Das Erscheinen immer weiterer An- und Aufbaugeräte sowie die Wahlmöglichkeit verschiedener Fahrerhaus-Varianten beschleunigten den Markterfolg in diesem Segment. Aufgrund seiner Möglichkeiten ist jeder Unimog wie ein Fuhrpark einsetzbar, der im Ganzjahreseinsatz sämtliche anfallenden Arbeiten erledigen kann, ohne daß hierzu weitere Spezialfahrzeuge nötig wären.
Speziell für den Kommunalbereich wurde der U2400TG konzipiert. Er ist in der Lage, auch schwerste Gerätekombinationen einzusetzen.

Ein ungewöhnliches Kommunalfahrzeug aus den fünfziger Jahren zeigt dieses Foto. Es handelt sich um einen U25-Sattelschlepper der Baureihe 402. An der Stoßstange ist eine Seilwinde angebracht, aufgesattelt ist ein Tankauflieger der Firma Haller, wie er unter anderem bei der Kanalreinigung und -unterhaltung eingesetzt wurde. Für heutige Verhältnisse ungewöhnlich ist die damalige Form des Mannschaftstransports auf einer offenen Sitzbank auf dem Auflieger. (03)

Seite 28/29: Im August 1959 erschien dieser Prospekt zum Thema Kommunalgeräte und Anhänger zum Unimog.

UNIMOG

Der Unimog ist der Allradschlepper mit der hohen Straßengeschwindigkeit und deshalb überall die schnelle, starke Zugmaschine bei Transporten. Diesen Schlepper dabei richtig ausnutzen heißt, volle Geschwindigkeit fahren. Am zweckmäßigsten sind deshalb die Anhänger leichter Bauart zum Unimog mit Schnelläuferachsen und Druckluft-Bremsanlage. Auch schwere Lasten werden mit dem Unimog-Druckluft-Bremssystem zuverlässig gebremst. Die Kippeinrichtung von Bremsluftkippern wird vom Unimog-Kompressor versorgt.

Anhänger und Kommunalgeräte

Bei einigen Anhängern können die kompletten Räder der Zugmaschine je nach Art der Arbeit gegen den Radsatz des Anhängers ausgetauscht werden, Kommunalverwaltungen können auf dem als Grundfahrzeug dienenden Kipper einen den Vorschriften entsprechenden Müllaufbau aufsetzen. Die zum Umbau erforderliche Rüstzeit ist kurz. Ebenso wie der Müllaufsatz lassen sich andere Spezialaufbauten montieren.

UNIMOG macht schwere Arbeit leic

Titelbild:
Langholzwagen

Dreitonnen-Zweiseitenkipper

Austauschbare Radsätze an Unimog und Anhänger

Straßenkehrmaschine

Kanalreinigungswinde und Aufbauschlammbehälter

Einachsanhänger

Müllwagen

Die Kanalreinigungswinde wird an einem Anbaubock befestigt und über die vordere Zapfwelle angetrieben. Sie ist mit einem bis zu 120 m langem Stahlseil auszurüsten. Auf der Hilfsladefläche wird bei der Arbeit mit dieser Winde ein Schlammbehälter aufgesetzt. Er ist nach hinten kippbar und besitzt einen aufklappbaren, wasserdichten Entleerungsboden. Zur Ergänzung wird ein Schwenkkran für Hand- oder hydraulischen Betrieb geliefert.

Straßenkehrmaschinen am Unimog haben den Vorteil, daß sie schnell an- und abzubauen sind. Im Bedarfsfall ist der Unimog sofort einsatzbereit. In einem Wasserfaß auf der Hilfsladefläche wird ein großer Wasservorrat zur Staubbindung oder zur Versorgung einer Wassersprenganlage mitgenommen. Es gibt Kehrmaschinen für Front- und Heckanbau. Die Frontkehrmaschine ist an die gleiche Anbauplatte wie andere Geräte aus der umfangreichen Wegepflege-Gerätereihe anzubauen.

Daimler-Benz AG Werk Gaggenau

Fast fünfzig Jahre liegen zwischen dem Bau dieser beiden Fahrzeuge. Das obere Bild zeigt einen U25 der Baureihe 401, der sich nach einer Totalrestauration in dem gezeigten Zustand befindet. An der Frontanbauplatte befindet sich eine Kippmulde der Firma Schmidt. Heckseitig ist ein Wegeprofiliergerät angebaut. Die orangerote Farbgebung in RAL 2000 bzw. 2011 wurde bei Kommunalfahrzeugen erst Ende der sechziger Jahre üblich, bis dahin verwendete man zur Lackierung meist Grautöne. (31)

Das Bild unten zeigt einen UX100 (Baureihe 409) im Dienst bei der Gemeinde Prien am Chiemsee. Aufgrund seiner schmalen Bauart wird er vorzugsweise bei beengten Straßenverhältnissen wie Fußgängerzonen eingesetzt. (30)

Der Winterdienst gehört zu den Domänen des Unimog. Nachfolgend einige Fahrzeuge aus diesem Einsatzgebiet, das dem Unimog stark zu seiner Bekanntheit verholfen hat.

Dieser U650 (Baureihe 407) gehört zum Bauhof des Marktes Berchtesgaden. Ausgerüstet ist er mit einem Silostreugerät und einem Mehrscharschneepflug. Zur besseren Traktion sind an der Vorderachse Schneeketten aufgezogen. (30)

Eine Leistungsklasse höher ist dieser U900 der Gemeinde Piding angesiedelt. Das Fahrzeug gehört zur Baureihe 417 und trägt auf der Pritsche ebenfalls ein Silostreugerät. (30)

Dieser U1600 (Baureihe 427) ist beim Wirtschaftshof der Stadt Hallein in Österreich stationiert. Wie auf dem Foto zu sehen, ist das Fahrzeug mit einer Hinterachs-Zusatzlenkung ausgerüstet. Sie ermöglicht eine bessere Wendigkeit, was gerade im Winterdienst bei beengten Straßenverhältnissen ein großer Vorteil ist. Kennleuchten und Arbeitsscheinwerfer sind auf einem Träger zusammengefaßt, der auf dem Fahrerhausdach montiert ist. (30)

Dieser U1400 (Baureihe 427) wurde 1998 auf dem Kreisbauhof in Traunstein fotografiert. Als Besonderheit ist das Fahrerhaus mit einem Panoramaaufsatz der Firma Schmidt versehen worden. Diese Art von Aufsätzen findet man üblicherweise bei Fahrzeugen mit Vorbauschneefräse. Sie ermöglichen eine bessere Sicht und Ausleuchtung. Auf der Pritsche befindet sich ein Silostreugerät des Fabrikates Epoke. (30)

Zur Zeit schwerstes Kommunalfahrzeug im Unimog-Programm ist der U2400TG aus der Baureihe 437. Das Fahrzeug ist als Geräteträger konzipiert und verfügt über eine zwillingsbereifte Hinterachse. Die große Pritsche und die hohe Tragfähigkeit erlauben den Anbau von schweren und voluminösen Anbaugeräten. Es wird bereits von vielen Straßenmeistereien als Ganzjahresfahrzeug eingesetzt. Beispielsweise ist so im Sommer ein Böschungsmähwerk montiert, das im Winterhalbjahr gegen einen Silostreuer sowie einen Schneepflug getauscht wird. Im Bild ein Fahrzeug mit Schmidt-Feuchtsalz-Silostreuer. (02)

Oben: Dieser Unimog der Baureihe 411 ist ein Trägerfahrzeug für Schneefräsen. Gut zu erkennen ist die eigenständige Karosserievariante des Fahrerhauses, sowie die gute Zugänglichkeit zum Schneefräsenantriebsmotor durch seitliche Planen und abklappbare Bordwände. Als Antriebsaggregate für die Fräsen wurden in der Regel Mercedes-Benz-Lkw-Motoren verwendet. (22)

Einen U25 mit geschlossenem Fahrerhaus vom Typ 401 zeigt dieses Foto. Das Fahrzeug wurde von der Berliner Firma Linhoff mit einer Schneefräse versehen. Den Antrieb hierfür liefert der auf der Pritsche montierte Aufbaumotor.
Etwas eigenwillig die Lösung mit den Steuerelementen, die durch Bohrungen unterhalb der Frontscheibe geführt wurden. (02)

Etwas modernerer Bauart ist diese Schneefräse, montiert auf einem U34 der Baureihe 411. Auch bei diesem Fahrzeug erfolgt der Fräsenantrieb durch einen Aufbaumotor. Fotografiert wurde das Fahrzeug 1995 in Tirol/Österreich. (30)

Dieser U1600 (Baureihe 427) ist mit einer Seitenschneeschleuder als Anbaugerät ausgerüstet. Der Antrieb erfolgt hierbei durch die vordere Zapfwelle. Auf der Pritsche ist ein Silostreugerät montiert. (30)

In der Stadt Bischwiller im Elsaß ist dieser U1000 aus der Baureihe 424 eingesetzt. Er ist mit einem Hubsteiger der Firma Faucheux ausgerüstet. Für die nötige Standsicherheit sorgen Teleskopabstützungen an der Front- und Heckseite. (21)

In den Sommermonaten gehört das Mähen zu den Hauptaufgaben des Unimog, wobei durch das ausgeklügelte Schnellwechselsystem jedes andere Anbaugerät in kurzer Zeit montiert werden kann, falls das Trägerfahrzeug zu einem anderen Zweck benötigt wird.

Rechts oben: Zu einer Straßenmeisterei in Norddeutschland gehört dieser U1400 (Baureihe 427). Er ist mit einer Mulag-Kabinentür versehen, die im Mäheinsatz eine gute Sicht auf das Mähwerk gibt. Interessant auch die zusätzlichen Spiegel sowie die erhöhte Anordnung der Kennleuchten und Arbeitsscheinwerfer. (30)

Mit einem Mulag-Mähwerk ist dieser U110 der Baureihe 418 ausgerüstet, der im Herbst 1998 fotografiert werden konnte. Gut zu erkennen ist die mechanische Federwegblockierung an der Hinterachse, die ein Aufschaukeln des Fahrzeuges im Mäheinsatz verhindert. (30)

Zu einer österreichischen Straßenmeisterei im Salzburger Land gehört dieser U1400 aus der Baureihe 427. Das Mähwerk ist mit einer Absaugung ausgerüstet, die das Mähgut in den angehängten Ladewagen befördert. Auch dieses Fahrzeug verfügt über die Mulag-Kabinentür. (30)

Im Bauhof der Stadt Tecklenburg wurde 1998 dieser U1000 aus der Baureihe 424 fotografiert. An der Frontseite befindet sich ein hydraulischer Frontlader, der zu Umschlag- und Ladetätigkeiten eingesetzt wird. (30)

Sehr selten sind Müllwagenaufbauten auf Unimog-Fahrgestellen. Verwendung finden sie nur dort, wo beengte und schwierige Straßen- und Witterungsverhältnisse herrschen. So zum Beispiel in Bettmeralp/Schweiz, wo der Transport ins Einsatzgebiet unter einer Fahrgastgondel der Seilbahn stattfindet. Das Foto zeigt einen Unimog aus der Baureihe 416 mit Kuka-Aufbau. (02)

...bei Behörden und Institutionen

In diesem Einsatzsegment sind es vor allem Sonderfahrzeuge für einen speziellen Einsatzzweck, die auf der Basis von Unimog-Baureihen entstehen. Ein großer Vorteil liegt darin, daß das Fahrgestell aus einer Großserie stammt und weltweit im engmaschigen Mercedes-Benz-Servicenetz gewartet und repariert werden kann. Mit Hilfe von An- und Aufbaugeräten – sowie spezieller Bauformen – kann das Gesamtfahrzeug trotzdem genau auf seinen Einsatzzweck abgestimmt werden, ohne daß teure Sonderkonstruktionen nötig sind. Die Liste der weltweiten Anwender ist kaum überschaubar, nachfolgend einige davon: Bahn- und Postverwaltungen, Verkehrsbetriebe, Zoll, Polizeibehörden, Kampfmittelbeseitigungsdienste, Musterhöfe von Universitäten, Rundfunkanstalten, Wetterämter, Materialversuchsanstalten.

Anmerkung:
Bei verschiedenen Fahrzeugen in diesem Kapitel wurde die Zuordnung belassen, obwohl die Betreiber, wie zum Beispiel die Deutsche Bundespost, inzwischen privatisiert wurden, zumal die Fotos teilweise vor dieser Zeit entstanden.

Recht verbreitet bei Behörden und im Öffentlichen Dienst war auch der Unimog S der Baureihe 404.1. Er wurde unter anderem als Bautrupp- und Meßfahrzeug eingesetzt. Abgebildet ist ein Fahrzeug einer ausländischen Postverwaltung. Als Besonderheit verfügt das Fahrzeug über ausstellbare Frontfenster sowie einen hochgezogenen Luftansaugstutzen. Der Kofferaufbau ist jenen ähnlich, die von der Deutschen Bundespost für verschiedene Zwecke verwendet wurden. (02)

Auf größeren Liegenschaften von Post und Telekom werden oft Unimog als „Hofhund“ eingesetzt. Ihnen obliegt das Freihalten der Verkehrswege sowie das Rangieren und Ziehen von Anhängern. So auch dieser U900 (Baureihe 406), der mit einer Winterdienstausrüstung, bestehend aus Schneepflug und Silostreugerät, ausgerüstet ist. (26)

Dieser U1200T der Baureihe 424 – Kabeltrommeltransportwagen – gehört zu einem Kabelziehtrupp der Deutschen Telekom in Stuttgart. Der Lancier-Aufbau vom Typ KT 61C erlaubt eine Nutzlast von 6100 kg. Mit ihm können Kabeltrommeln im Durchmesser von 1000–3000 mm transportiert werden. (30)

Die beiden Fotos auf dieser Seite zeigen zwei Kabelziehwinden der Deutschen Telekom. Als Basis dienen Fahrzeuge der Baureihe 417. Der Unimog auf dem oberen Bild ist ein U900, der untere ein U1100T (Triebkopf). Der Aufbau stammt in beiden Fällen von der Firma Lancier. Je nach Ausführung sind Zugleistungen von 3000–4000 kg möglich. Üblicherweise werden rund 520 Meter als Seillänge transportiert. Gut zu erkennen ist die deutlich geringere Höhe des unteren Fahrzeuges. (30/07)

Aus den frühen fünfziger Jahren stammt diese Aufnahme, die fünf neue Unimog unmittelbar vor der Ablieferung an die Deutsche Bundesbahn zeigt. Die 25 PS leistenden Fahrzeuge sind mit einem geschlossenen Fahrerhaus vom Typ 401 versehen. Dieses wurde seinerzeit von der Firma Westfalia im Lohnauftrag für Mercedes-Benz gebaut. Auffällig die Zwillingsbereifung an der Hinterachse. (02)

Einige Jahre später entstand das Bild unten. Es zeigt einen U34 der Baureihe 411 mit dem ab 1956 lieferbaren Mercedes-Benz-Fahrerhaus. Eine größere Anzahl dieser Fahrzeuge wurde von der Deutschen Bundesbahn als Bautruppwagen eingesetzt. Der frontseitig montierte Stromgenerator ermöglichte hierbei den Einsatz elektrischer Werkzeuge. Einige Fahrzeuge waren auch mit speziellen Schweißstromgeneratoren ausgerüstet, um Reparaturschweißungen an Gleisanlagen durchführen zu können. (02)

Dieses 1992 in Waiblingen aufgenommene Foto zeigt einen U1100 der Baureihe 416. Ausgerüstet ist das Fahrzeug mit einer Frontseilwinde sowie der dazugehörenden Bergstütze, die bei Zugarbeiten für einen festen Stand des Fahrzeugs sorgt. Ein interessantes Detail ist die obenliegende Seilführung mit Propellerrolle. (30)

Ebenfalls zur Baureihe 416 gehört dieser U1100 der Deutschen Bahn. Das Fahrzeug ist mit einer Doppelkabine sowie einem großvolumigen Kofferaufbau der Firma Kramer ausgerüstet. Fahrzeuge dieser Bauart werden unter anderem zur Instandhaltung von bahntechnischen Anlagen sowie als Meß- und Prüffahrzeug eingesetzt. (05)

Schon abgemeldet und ohne Beschriftung präsentiert sich dieser U1250L der Baureihe 427. Das Fahrzeug wurde bis vor kurzem von der Deutschen Bahn in Stuttgart eingesetzt. Unter anderem diente es als Zugfahrzeug für Notstromaggregat-Anhänger, die im Einsatzfall die Stromversorgung von Stellwerken sicherzustellen hatten. (30)

1994 konnte in Saalfelden dieser U1100 (Baureihe 416) der Österreichischen Bundesbahnen ÖBB fotografiert werden. Für den hydraulischen Hiab-Ladekran wird auf der Pritsche ein Arbeitskorb mitgeführt. Unter anderem können so bahntechnische Anlagen wie Fahrleitungen, Masten oder Brücken kontrolliert und nach Bedarf instandgesetzt werden. (30)

Beim Zollamt Walserberg an der deutsch-österreichischen Grenze war dieser U1000 stationiert. Auf diesem Bild ist der Zolladler, mit dem die Fahrerhaustüren beschriftet sind, kaum zu erkennen. Durch die fehlende Mittelabdeckung sind die Geräteanbauplatte sowie die Rangierkupplungen gut zu erkennen. (30)

1996 wurde dieser U1350L (Baureihe 437) aufgenommen. Dieses Fahrzeug wird zum Materialtransport vom Kampfmittelbeseitigungsdienst Baden-Württemberg eingesetzt. Da bei der Blindgängerbergung oft schwierige Geländeverhältnisse herrschen, ist hierbei ein geländegängiges Fahrzeug wie der Unimog Standardausrüstung. (30)

Zur neuesten Serie von Bergungsräumgeräten für die Bereitschaftspolizei der Bundesländer sowie für den Bundesgrenzschutz gehört dieser U2150L der Baureihe 437. Ausgestattet ist das Fahrzeug mit einem Frontlader der Firma Schaeff und einem hydraulischen Ladekran der Marke Hiab. Die Lackierung erfolgte in RAL 6029 Minzgrün. (23)

Ebenfalls in Minzgrün ist dieses Flugfeldlöschfahrzeug des Bundesgrenzschutzes lackiert. Das von der Firma Ziegler aufgebaute FLF 8/15+500P basiert auf dem U2450L der Baureihe 437. Es verfügt an der Frontseite über einen Monitor. Weiterhin gehören Klimaanlage und Umfeldbeleuchtung zur Ausrüstung. Eingesetzt wird es bei den Hubschrauberstaffeln des BGS. (13)

Ein Mehrzweckfahrzeug der Pariser Polizei zeigt diese Aufnahme. Das Fahrzeug basiert auf der Baureihe 406. Ausgestattet ist es unter anderem mit einer Heckseilwinde, Tränengaswerfer und einer Lautsprecheranlage. Frontseitig können verschiedene Anbauten montiert werden, darunter auch der abgebildete Räumbalken, der zur Beseitigung von Straßensperren dient. Auffällig die abgeänderte Form des Fahrerhauses, mit nach vorne geneigter, kleiner Windschutzscheibe. (21)

Dieser U1300L der Baureihe 435 gehört zu einer Serie von Tatortwagen für die Saudiarabische Kriminalpolizei. Diese Fahrzeuge wurden Anfang der achtziger Jahre von der Firma Binz gebaut. Neben einer umfangreichen ermittlungstechnischen Beladung, gehört auch eine leistungsfähige Klimaanlage sowie eine Umfeldbeleuchtung zur Ausstattung. (14)

Nicht auf den ersten Blick als Unimog zu erkennen ist dieser geschützte Sonderwagen SW 4 des Bundesgrenzschutzes. Das Fahrzeug basiert auf dem Fahrgestell der schweren Baureihe 435/437. Hergestellt wird es von der Firma Thyssen Maschinenbau unter der Bezeichnung TM 170. Neben dem Bundesgrenzschutz wird dieser Fahrzeugtyp auch bei der Bereitschaftspolizei der Bundesländer sowie der Bundeswehr, hier unter dem Namen Hermelin, eingesetzt. (31)

Unten: Auch bei diesem Fahrzeug muß man genau hinschauen, um den Unimog der Baureihe 435 zu erkennen. Die Firma Rosenbauer fertigte diesen Wasserwerfer, der ein Fassungsvermögen von 3500 Liter hat. (09)

...im Dienst der Feuerwehr und bei Hilfsdiensten

Schon kurze Zeit nach dem Erscheinen des Unimog wurden auch Feuerwehren und Hilfsdienste auf dieses neue Fahrzeug aufmerksam. Daher gab es schon von den ersten Baureihen vereinzelt Feuerwehrfahrzeuge. Der Durchbruch kam mit dem Erscheinen des Unimog S, der Baureihe 404. Dieses Fahrgestell wurde in großen Stückzahlen für die Feuerwehren auf der ganzen Welt hergestellt. Hauptsächlich als Tanklöschfahrzeug, Trockenlöschfahrzeug, Rüstwagen, Waldbrandlöschfahrzeug und Löschgruppenfahrzeug. Mit dem Erscheinen der Baureihen 416 und 435 wurde dies nahtlos weitergeführt.
Neben diesen Normfahrzeugen entstanden und entstehen noch spezielle Sonderfahrzeuge für bestimmte Einsatzzwecke, wie dem Brandschutz in Tagebauen, Industriebetrieben, Flughäfen und auf Schienenfahrwegen. Auch kann es sich kaum eine Hilfsdienstorganisation leisten, auf den Unimog zu verzichten. Die weltweite Liste der Anwender ist gigantisch. Allein in Deutschland sind dies beispielsweise:
THW, Katastrophenschutz, Rotes Kreuz, Arbeiter-Samariter-Bund, Johanniter, Malteser, Bergwacht, DGzRS, DLRG, um nur einige zu nennen. Dies geschieht in dem Wissen, daß es der Unimog ermöglicht, an fast jede Einsatzstelle zu gelangen.

Zu den ersten Feuerwehrfahrzeugen auf Unimog-Fahrgestellen gehört dieser U25 der Baureihe 2010. Mittels einer Aufsteckpumpe für die vordere Zapfwelle und eines Geräteaufsatzes für die Pritsche entstand in kurzer Zeit ein Löschfahrzeug, das ansonsten für andere Dienstleistungen bereitstand. Der Hersteller war die Firma Metz in Karlsruhe. Die Pumpe leistete je nach Ausführung zwischen 600 und 800 Liter Wasser pro Minute bei 8 Bar. Der Geräteaufsatz diente der Beförderung der Besatzung und einer feuerwehrtechnischen Grundausstattung wie Schläuchen, Standrohren und Armaturen. (31)

Etwas skurril sieht dieses TroLF 750 des Flughafens Innsbruck aus. Das Fahrzeug entstand 1959 auf einem U30 der Baureihe 411. Den Aufbau fertigte die Firma Total in Ladenburg. Die seitlichen Gerätekästen für die Pulverpistolen und das Bedienfeld wurden relativ hoch angebracht, vermutlich um einen problemlosen Austausch der darunter befindlichen Treibgasflaschen zu ermöglichen. (02)

Von 1955 stammt dieses TroLF 750 auf Unimog S der Baureihe 404. Es handelt sich um ein Vorserienfahrzeug mit 2350 mm Radstand und einer von der späteren Serie abweichenden Frontgestaltung. In dieser Form wurden nur wenige Fahrzeuge gebaut. Die Pulverlöschanlage stammt von der Firma Total, eingesetzt wurde das Fahrzeug auf dem Frankfurter Rhein-Main-Flughafen. (02)

Dieses kleine TroLF 250 des Flugplatzes in Merle entstand als Eigenbau. Hierfür wurde die Pulveranlage eines Anhängers auf die Pritsche eines U34 der Baureihe 411 gesetzt. (31)

Unten: Zu einer Serie von TroLF 750 für das belgische Innenministerium gehört dieser Unimog S der Baureihe 404.0. Zwischen den seitlichen Gerätekästen ist ein weiteres Löschmittel mit angebauter Schnellangriffseinrichtung untergebracht. Stationiert ist das Fahrzeug bei der Brandweer in Dendermonde. (38)

Über lange Jahre war bei der Werkfeuerwehr der Robert Bosch GmbH in Waiblingen dieses TroLF 500 eingesetzt. Als Fahrgestell wurde ein U32 der Baureihe 411 ausgewählt. Das von der Firma Minimax 1964 ausgebaute Fahrzeug verfügte zusätzlich über eine Metz-FPV-8/8-Kreiselpumpe auf der vorderen Stoßstange, die von der vorderen Zapfwelle angetrieben wurde. (02)

Sehr selten sind TroLF auf dem kurzen Fahrgestell der Baureihe 406. Das abgebildete Fahrzeug, ein TroLF 750 war über lange Zeit auf dem Flughafen Bern-Belp eingesetzt. Nach einer Ersatzbeschaffung versieht es jetzt seinen Dienst bei der Feuerwehr in Belp. Gut zu erkennen sind Details wie der rechtsseitige Suchscheinwerfer oder der Wasserabscheider am Zyklon-Luftfilter. Typisch für Schweizer Einsatzfahrzeuge ist die Ausrüstung mit Gelb- und Blaulichtkennleuchten. (21)

Auf dem Flughafen Eros in Windhoek/Namibia ist dieser U1100 aus der Baureihe 416 im Dienst. Dieser TroLF verfügt über einen dachseitig montierten Monitor sowie Scheinwerfer zur Umfeldbeleuchtung. Wie aus der Beschriftung zu erkennen ist, gehört das Fahrzeug zum Transportministerium in Namibia. (31)

Nach Katar im Nahen Osten ging 1995 dieses Twin-Agent-TA-1200/500-Fahrzeug mit Rosenbauer-Aufbau. Als Basisfahrgestell dient ein U1550L der Baureihe 437. Es werden 1200 kg Pulver und 500 l Schaumgemisch mitgeführt. Twin-Agent-Fahrzeuge werden vornehmlich auf Flughäfen und in der chemischen oder mineralölverarbeitenden Industrie eingesetzt. (09)

Ab 1956 bis Mitte der sechziger Jahre beschaffte der Bund für die LS-Feuerwehr-Bereitschaften im Katastrophenschutz fast 1700 TLF-8-Tanklöschfahrzeuge auf Unimog S der Baureihe 404.1. Viele dieser Fahrzeuge wurden nach der Ausmusterung durch den Bund von Städten und Gemeinden, auch im Ausland, übernommen. Inzwischen über 30 Jahre alt, versehen einige Fahrzeuge noch immer ihren Dienst. Abgebildet ist ein Fahrzeug der Freiwilligen Feuerwehr in Stuttgart-Hedelfingen. (30)

Unten: Aufgrund seiner überragenden Geländegängigkeit und der kompakten Bauart ist der Unimog für den Einsatz als Waldbrandlöschfahrzeug prädestiniert. Eine Vielzahl von Ländern setzt daher den Unimog in verschiedenen Ausführungen für diesen Zweck ein, darunter: Algerien, Andorra, Argentinien, Belgien, Frankreich, Griechenland, Italien, Israel, Japan, Norwegen, Schweden, Senegal, Slowenien, Spanien, Südafrika, Türkei, Volksrepublik China und Zypern, um nur einige zu nennen.
Dieser U1350L gehört zu einer Feuerwehrwache in Japan. Interessanterweise wurde das Fahrzeug als Rechtslenker beschafft, was für Japan eher ungewöhnlich ist. (02)

Aus dem Jahr 1994 stammt dieser U140L (Baureihe 418), der in Maribor in Slowenien eingesetzt wird. Das Fahrzeug trägt einen 2000 Liter Wasser fassenden Ziegler-Aufbau, die Besatzung ist mit vier Mann vorgesehen. Gut erkennbar ist die breite Bereifung, ersichtlich an der Einpreßtiefe der Felgen. (13)

Unten: Stückzahlmäßig der größte Anwender von Unimog-Waldbrandlöschfahrzeugen ist Frankreich. Weit über 1000 Exemplare in den verschiedensten Versionen wurden bisher beschafft. Eingeteilt werden die Fahrzeuge in die Klassen: leicht (CCFL), mittel (CCFM) und schwer (CCF). Zur schweren Klasse gehört dieser U2150L aus der Baureihe 437. Der Aufbau stammt von Technamm und faßt 4000 Liter Wasser. Für viele französische Fahrzeuge typisch ist der Überrollbügel bzw. das Astschutzgestänge am Fahrerhaus, in das oftmals Spritzdüsen zum Selbstschutz eingebaut sind. (02)

Je nach verwendetem Basisfahrzeug und dem Einsatzort unterscheiden sich die französischen Waldbrandlöschfahrzeuge sehr voneinander. Gleich ist die grundlegende Art des Aufbaus, bestehend aus Tank, Pumpenaggregat und geringfügiger feuerwehrtechnischer Beladung.

In Korsika ist dieser U1150L aus der Baureihe 417 im Einsatz. Der Aufbau stammt von Technamm. Markant das verlängerte Fahrerhaus mit der schmalen zweiten Tür. (37)

Zu den neuesten Fahrzeugen gehört eine Serie von Fahrzeugen des Typs U1550L (Baureihe 437). Bei diesen Fahrzeugen ersetzen Rohrbogen, wie sie auch für den Überrollbügel Verwendung finden, die Frontstoßstange. Gleichzeitig stellen sie die Aufnahme der Frontseilwinde dar. (34)

Bislang ein hochinteressantes Einzelstück ist dieser U2450L 6×6, der sich seit einiger Zeit in der Erprobung befindet. Hier wurde eine Synthese aus großem Wasservorrat (7000 Liter) und Geländegängigkeit geschaffen. Den Aufbau fertigte Gicar, die eingebaute Seilwinde besitzt eine Zugleistung von 10 Tonnen. (02)

Im Gegensatz zu den rot lackierten Fahrzeugen der Kommunen sind die Feuerwehrfahrzeuge der Forstbehörde gelb lackiert. Interessanterweise wird hierbei landesweit eine größere Anzahl von U900 der Baureihe 406 eingesetzt, die ansonsten in Frankreich als Waldbrandlöschfahrzeuge sehr selten sind. Zwar verfügen diese kurzen Fahrgestelle (Radstand 2380 mm) im Vergleich zu den Langversionen über weniger Ladevolumen, sind aber kompakter und dadurch wendiger. (39)

Unten: Im Vergleich hierzu ein Unimog der Baureihe 416 mit einem Radstand von 2900 mm. Das Fahrzeug wurde nachträglich mit einem neuen Aufbau der Firma Schultz aus dem Elsaß versehen. Wie bei vielen Waldbrandlöschfahrzeugen üblich, ist an der Frontseite eine Seilwinde angebracht, die auch zu Selbstbergungszwecken in festgefahrenen Situationen eingesetzt werden kann. (21)

Auf einem U1550L der Baureihe 437 ist dieses Waldbrandlöschfahrzeug W-TLF 1200 aus Belgien aufgebaut. Der Aufbau stammt von Somati und faßt 1200 Liter Wasser. Ein für belgische Fahrzeuge typisches Ausstattungsmerkmal sind die Doppelkabinen mit zwei Dachluken und die dazwischen liegende Wasserzuführung, gedacht für die Bekämpfung von Brandnestern aus dem Fahrzeug heraus. Frontseitig ist eine Braden-HU8A-Seilwinde angebracht. Stationiert ist das Fahrzeug bei der Brandweer Overijse. (30)

Auf der Fachmesse Interschutz 1994 wurde dieses Kleinlöschfahrzeug KLF 2000 der Firma Merex vorgestellt. Als Basisfahrzeug diente ein U100L der Baureihe 408. Es wurde in den Versionen als TSF-W und Universaleinsatzfahrzeug angeboten. Konzipiert war es für den Einsatz in engen Straßen und dort, wo durch die Bebauung geringe Durchfahrtshöhen vorgegeben sind. Als weiteres Einsatzgebiet war an den Einsatz in Burgen und Schlössern gedacht, wo nur kompakte Fahrzeuge einsetzbar sind. (02)

Bei der Freiwilligen Feuerwehr in Hallein/Österreich ist dieser U1250L (Baureihe 427) im Einsatz. Das Fahrzeug ist ein LFB-A (Löschfahrzeug mit Bergeausrüstung und Allradantrieb) mit Seiwald-Aufbau. Unterhalb des Kühlergrills ist der Seilaustritt der eingebauten Seilwinde erkennbar. Bedingt durch die winterlichen Straßenverhältnisse im höhergelegenen Ortsteil Bad Dürrnberg, sind zum Zeitpunkt der Aufnahme an beiden Achsen Schneeketten montiert. (30)

Für die Freiwillige Feuerwehr hat die Stadt Köln 1996 drei Löschgruppenfahrzeuge LF 8/6 auf dem U1550L (Baureihe 437) beschafft. Den Aufbau fertigte die Firma Ziegler. Markant die Fahrerhäuser mit erhöhtem Dach, das den Feuerwehr-Schriftzug trägt. Stationiert sind die Fahrzeuge bei den Abteilungen Rodenkirchen, Roggendorf und Ensen. (13)

Wohl mit zu den eindrucksvollsten Feuerwehrfahrzeugen gehören diese beiden dreiachsigen Tanklöschfahrzeuge auf dem Fahrgestell U2450L 6×6 aus der Baureihe 437. Beide Fahrzeuge wurden 1996 von der Firma Ziegler aufgebaut und versehen ihren Dienst bei Braunkohleförderbetrieben in Ostdeutschland.
Das obere Fahrzeug vom Typ HTLF 28/50–5 erhielt die Werkfeuerwehr der Lausitzer Braunkohle AG nahe Cottbus. Mitgeführt werden 5000 Liter Wasser, 500 Liter Schaummittel und eine umfangreiche technische Beladung. Frontseitig ist eine Seilwinde mit 5 Tonnen Zuglast montiert.
Das untere Fahrzeug gehört zur Werkfeuerwehr der Romonta und ist im Tagebau Amsdorf eingesetzt. Das TLF 24/48–5 führt an Löschmitteln 4800 Liter Wasser und 500 Liter Schaummittel mit. Im Unterschied zum oben gezeigten Fahrzeug ist dieser Unimog mit einer Doppelkabine und hochstolliger Bereifung ausgestattet. (beide 13)

Im Zuge des Baus des neuen Flughafens Chek Lap Kok auf der Insel Lantau bei Hongkong wurde auch die Verkehrsanbindung neu gebaut. Kernstück ist die Tsing-Ma-Bridge, die längste zweigeschossige Hängebrücke der Welt. Zu dem Brandschutzkonzept gehören auch fünf Feuerlöschanhänger, die durch Unimog U1400 (Baureihe 427) gezogen werden. Das Fassungsvermögen der Anhänger beträgt 15 000 Liter Wasser. Mittels einer eingebauten Pumpe können 2000 l/min bei Normaldruck und 200 l/min bei Hochdruck abgegeben werden. Beidseitig befinden sich Zugdeichseln und Beleuchtungseinrichtungen, so daß unnötige Rangierbewegungen entfallen. (26)

Unten: Auf einem U1550L der Baureihe 437 ist dieses Unterstützungs- und Betreuungsfahrzeug einer japanischen Feuerwehr aufgebaut. Eingesetzt wird das Fahrzeug bei Schadenslagen größeren Ausmaßes. Für hydraulisch angetriebene Arbeitsgeräte sind frontseitig vier Steckeranschlüsse (zwei Zellen) angebracht. (02)

Sehr ungewöhnlich ist der lange Radstand von 4500 mm bei diesem U1550L der Baureihe 437. Bei dem Fahrzeug handelt es sich um einen Schlauchwagen SW 2000-Tr, wie er in größeren Stückzahlen vom Bundesamt für Zivilschutz beschafft wird. Neben 2000 Meter Schlauch wird ein Löschwasserbehälter für 5000 Liter Wasser und eine Tragkraftspritze vom Typ TS 8/8 mitgeführt. Den Aufbau fertigte die Firma Lentner. Stationiert ist dieses Exemplar bei der Freiwilligen Feuerwehr in Gifhorn. (31)

Zur Feuerwehr in Växjö/Schweden gehört dieser U1300L aus der Baureihe 435. Das Tanklöschfahrzeug ist mit einer Godiva-Mitteleinbaupumpe sowie einem 800-Liter-Wassertank ausgerüstet. Frontseitig ist eine hydraulisch angetriebene Frontseilwinde für 3,5 Tonnen Zuglast montiert. Typisch für skandinavische Einsatzfahrzeuge sind die segmentartig lackierten Felgen, die während der Fahrt dem Betrachter einen stroboskopförmigen Eindruck vermitteln, was für erhöhte Aufmerksamkeit sorgen soll. (28)

Zum Fuhrpark der Berufsfeuerwehr im schweizerischen Bern gehört dieser 1957 gebaute U30 der Baureihe 411. Frontseitig verfügt das Fahrzeug über eine Seilwinde. Auf der Pritsche kann ein Poly-Löschgerät 300S-AFFF mit 300 Liter Inhalt montiert werden. (21)

Für den Antrieb verschiedener Anbaugeräte und für Transportaufgaben setzen viele Feuerwehren den Unimog als „Mädchen für alles" ein. Bei der Freiwilligen Feuerwehr in Gaggenau wird hierfür der abgebildete Unimog S der Baureihe 404.1 verwendet. Zusätzlich ist noch ein stilgerechter Anhänger der Firma Müller-Mitteltal vorhanden, so daß sich eine respektable Transportkapazität ergibt, was insbesondere bei Hochwassereinsätzen von Vorteil ist. (30)

Dieses Fahrzeug ist einer der ersten Rüstwagen RW 1, wie er von der Firma Matra für den Einsatz auf Flughäfen gebaut wurde. Als Fahrgestell diente ein Unimog S (Baureihe 404) der Vorserie. Deutlich ist die noch nicht endgültige Gestaltung der Frontpartie erkennbar. Frontseitig ist eine mechanische Seilwinde angebracht, die durch eine Kette von der vorderen Zapfwelle angetrieben wird. Das Fahrzeug wurde 1954 gebaut und verfügt über einen Radstand von 2350 mm. Eingesetzt wurde es auf dem Frankfurter Rhein-Main-Flughafen, siehe hierzu auch Seite 48. (02)

Die Werkfeuerwehr im DaimlerChrysler-Werk Gaggenau fährt natürlich auch Unimog. Das neueste Fahrzeug im Fuhrpark ist ein Rüstwagen für technische Hilfeleistungen und Umweltschutz auf dem Fahrgestell des U2400 TG. Abweichend vom Serienzustand dieses Geräteträgers der Baureihe 437 ist die Hinterachse nur einfachbereift. Den Aufbau fertigte die Firma Zikun, er enthält eine umfangreiche technische Beladung. Weiter verfügt das Fahrzeug über eine Seilwinde. (02)

Ein Einzelstück ist dieses Zweiwegefahrzeug der Berufsfeuerwehr in Stuttgart. Basis ist ein U1200 (Baureihe 424), der von der Schweizer Firma Larag auf einen Radstand von 3250 mm verlängert wurde, daher einem U1250 entspricht. Eingesetzt wird es bei Einsätzen auf Gleisanlagen der Deutschen Bahn und der Stuttgarter Straßenbahn sowie bei schweren Verkehrsunfällen. Ausgerüstet ist das Fahrzeug mit zwei TR-080-Treibmatic-Seilwinden von Rotzler für je 8 Tonnen Zuglast. An Beladung werden hydraulisches Rettungsgerät (Schere/Spreizer) sowie Hebesätze für 20 und 40 Tonnen mitgeführt. Die weitere Beladung setzt sich aus Eingleisgerät, Werkzeugen, 5-kV-Stromaggregat und einer Lore für den Material- und Verletztentransport zusammen. Das 1984 gebaute Fahrzeug ist für eine Schienengeschwindigkeit von 30 km/h zugelassen. Auf der Straße werden 85 km/h erreicht. Stationiert ist der RW-Schiene auf der Feuerwache 3 in Stuttgart-Bad Cannstatt. (30)

Unten: Für ähnliche Einsätze auf Straße und Schiene wurde dieser U1650L aus der Baureihe 427 gebaut. Das für Schweden bestimmte Fahrzeug wurde 1994 auf der Feuerwehrfachmesse Interschutz in Hannover ausgestellt. Das Fahrgestell wurde verlängert und mit einer Nachlaufachse versehen. Der Aufbau stammt von der Firma Tollarp. (30)

Zum Katastrophenschutz in Stuttgart gehörte bis vor kurzem dieser Funk- und Kommandowagen auf Unimog S (Baureihe 404.1). Das in RAL 2004 Reinorange lackierte Fahrzeug verfügte über einen heckseitigen Lichtmast sowie eine Vorbauseilwinde. Auffällig die zusätzlichen Bohrungen im Frontblech, die eine verbesserte Kühlung bewirken sollen. (30)

Auf dem gleichen Basisfahrgestell wurde dieser Werkstattwagen des THW-Ortsverbandes Herne aufgebaut. Im Gegensatz zum oberen Fahrzeug verfügt das Fahrerhaus über eine Dachluke. Interessant auch die Anbringung von Lautsprecher und Arbeitsscheinwerfern. Des weiteren sind die Fenster des Kofferaufbaues teilweise mattiert, wie dies üblicherweise nur bei Krankenwagen zu sehen ist. (26)

Auch fast alle bekannten Rettungsorganisationen führen den Unimog im Fuhrpark. Mit verschiedenen Aufbauten versehen, dienen diese Fahrzeuge zum Kranken- und Materialtransport. Des weiteren werden sie als Funk- und Einsatzleitfahrzeuge verwendet. Die Aufnahme zeigt einen KTW (Krankentransportwagen) eines DRK-Kreisverbandes. Das Fahrzeug basiert auf einem Unimog S der Baureihe 404 0. Diese Baureihe ist mit dem Fahrerhaus der Baureihen 406/416 ausgerüstet, und läßt sich auf Fotos nur anhand der Radnaben und Felgen von diesen Baureihen unterscheiden. (25)

Unten: Der belgische Zivilschutz setzt schon seit Jahrzehnten Unimog in verschiedenen Versionen ein. Abgebildet ist ein U1650 (Baureihe 427). Für diese Mehrzweckfahrzeuge werden diverse Anbaugeräte vorgehalten, die je nach Einsatzzweck montiert werden. Zur Zeit der Aufnahme ist das Fahrzeug mit einer Vorbaukehrmaschine und einem Silostreugerät versehen. (38)

Zur folgenden Doppelseite: Bei Trockenlöschfahrzeugen TroLF 750 war das Fahrgestell des Unimog S weit verbreitet, der dazugehörige Prospekt stammt aus dem Jahr 1967.

Mercedes-Benz

TRO LF 750

UNIMOG-S
TroLF 750
In der modernen Brandbekämpfung wird heute das Trockenpulver-Löschverfahren in zunehmendem Maße angewendet, z. B. bei Flüssgikeitsbränden und Metallbränden sowie auch bei sonstigen Spezialbränden in Räumen mit wasser- und schaumempfindlichen Gegenständen, Maschinen und Einrichtungen.
Auch bei Flugzeug- und Verkehrsunfällen, bei Öltransporten und auf dem ausgedehnten Gelände der Ölraffinerien, können durch schnelle Anwendung des Trockenpulver-Löschverfahrens Brandkatastrophen vermieden und das Leben vieler Menschen gerettet werden.
Die als Träger der Trockenpulver-Löscheinrichtungen verwendeten Fahrzeuge müssen deshalb eine Geländegängigkeit aufweisen, die ein schnelles Erreichen der Katastrophenstellen auch außerhalb der Verkehrswege durch Querfeldeinfahrt ermöglicht.
Der UNIMOG-S hat auch im schwieriger Gelände und auf weniger tragfähigen Böden eine hervorragende Geländegängigkeit sowie eine Steigfähigkeit bis zu 70 %, einen Geschwindigkeitsbereich von 1,5 – 95 km/h, ein hohes Beschleunigungsvermögen, große Wendigkeit und große Bauch- und Bodenfreiheit durch die Portalachsen.
Es gibt kaum Katastrophenstellen, die man nicht mit dem UNIMOG-S siche und schnell erreichen könnte.

Daimler-Benz
Aktiengesellschaft

as UNIMOG-S-Fahrgestell ist deshalb
s Träger der Trockenpulver-Löschein-
chtung TroLF 750 besonders geeignet.
ie kleinen Abmessungen dieses
ahrzeuges, der hohe Grad der Gelände-
ängigkeit, die Wendigkeit und die guten
ichtverhältnisse erleichtern außerdem
e taktisch günstige Brandbekämpfung
it mehreren gleichen Fahrzeugen.

er Pulverlöschaufbau besteht aus einem
ochdruckbehälter aus Stahlblech mit
nem Betriebsdruck von 16 atü und
nem Fassungsvermögen von 750 kg
ockenlöschpulver, einer Druckgas-
itung, einer Spülleitung, einer Stickstoff-
ruckgasflasche mit 50 l Inhalt
ntsprechend 10 m³ Druckgas bei einem
illdruck von 200 atü, einer Pulverleitung
nd zwei Pulverschläuchen von je 30 m
änge mit abstellbaren Löschpistolen.
iese Löschpistolen haben eine Leistung
on 5 bis 6 kg Pulverdurchlaß pro
ekunde.

Die Bedienung der Anlage ist denkbar einfach. Die Stickstoff-Druckgasflasche wird am Einsatzort geöffnet.
Sobald das Manometer anzeigt, daß der vorgeschriebene Druck im Kessel erreicht ist, wird der Pulverhebel umgelegt.
Damit ist die Löschpistole schußbereit.
Mit dieser einfachen Bedienungsweise wird das TroLF 750 seiner Aufgabe „Schnelligkeit im Einsatz“ besonders gerecht.
Die Löschpistolen können im Bedarfsfall am Unglücksort an- und abgestellt werden. Dadurch wird sparsamster Löschmitteleinsatz gewährleistet – z. B. durch schußweise Bekämpfung versteckter Brandnester.
Das Löschmittel besteht zu etwa 90 % aus Natriumcarbonat bestimmter Körnung und Zusätzen zur Erzielung guter Riesel- und Förderfähigkeit. Es wird zur Erreichung der Wasserfestigkeit besonders behandelt. Durch die entstehende Löschpulverwolke werden die Flammen fast schlagartig zum Erlöschen gebracht und der Pistolenführer wird gleichzeitig vor der strahlenden Hitze des Brandherdes geschützt. Wegen dieser Vorteile des schnellen und wirksamen Einsatzes wird das TroLF 750 in der Hauptsache auf Flugplätzen eingesetzt, wo die Gefahr infolge der von den Flugzeugen mitgeführten Treibstoffmengen besonders groß ist. Hier haben die Fahrzeuge beim „Schwarzmachen“ gefährlicher Treibstoff-, Öl- oder Gummibrände überzeugende Erfolge erzielt.

Das UNIMOG-S-Trockenlöschfahrzeug ist deshalb für solche Aufgaben sowie für Löscheinsatz in Treibstofflagern, Flugzeug- und Kraftwagenhallen, Öllagern, chemischen Fabriken und überall, wo feuergefährliche Flüssigkeiten vorhanden sind, von besonderem Wert.

Die Raumaufteilung erlaubt die Unterbringung zahlreicher Sonderausstattungen nach persönlichen Wünschen; die Grundbestückung wird dadurch jedoch nicht verringert.

Änderungen in Konstruktion und Ausstattung vorbehalten.

...beim Militär

Fast so alt wie der Unimog ist seine Verwendung als Militärfahrzeug. Die Schweiz und Frankreich waren die ersten Abnehmer, viele Länder folgten und heute ist der Unimog als Militärfahrzeug weltweit etabliert. Fast alle Baureihen sind hierbei vertreten, je nach Kundenwunsch entstehen die unterschiedlichsten Fahrzeuge. Dank seiner Geländegängigkeit ist der Unimog in der Lage, auch Kettenfahrzeugen zu folgen. Neben dem Personen- und Materialtransport dienen Unimog als Zugfahrzeuge für Anhänger und Geschütze, als Krankenwagen oder als Basis für Sonderfahrzeuge, wie Abschleppwagen, Flugzeugschlepper oder Waffenträger. Aber auch rückwärtige Dienste, wie Militärfeuerwehren und Standortverwaltungen, nutzen die Vielseitigkeit des Unimog. Nicht zu vergessen ist auch, daß es gerade bei humanitären Einsätzen, wie beispielsweise Umweltkatastrophen, oft die Unimog der Armee sind, die zum Einsatzort vordringen können, und mit denen man in der Lage ist, schnelle Hilfe zu leisten.

Bis heute stückzahlmäßig der meistgebaute Unimog – die Baureihe 404, auch als Unimog S bekannt geworden. Auch als Militärfahrzeug fand er in unzähligen Versionen weltweite Verwendung. Obwohl seine Fertigung schon Anfang der siebziger Jahre auslief, wird er von vielen Armeen noch heute eingesetzt. Das Foto zeigt einen U 404.1 der kanadischen Luftwaffe. Eher ungewöhnlich für ein Militärfahrzeug ist die aufwendige Türbeschriftung. (02)

Rechts oben: Zur Baureihe 418 gehört dieser Militär-Unimog. Das Fahrzeug besitzt ein offenes Fahrerhaus mit Faltverdeck, eine Version, die für Zivilfahrzeuge nicht angeboten wurde. Interessant auch der kleine Ansaugkamin für den Luftfilter, der an der rechten Seite herausragt. (30)
Rechts unten: Zu einer Serie von 1512 Fahrzeugen für die belgische Armee gehört dieser U1350L der Baureihe 437. Sowohl Fahrzeuge mit Pritsche/Plane als auch solche mit Kofferaufbauten umfaßte die Lieferung, die von 1995–1998 erfolgte. Ein interessantes Detail sind die Anschlüsse für die Druckluftbremse auf der vorderen Stoßstange. (30)

RA 550 C

M22

Zwei ungewöhnliche Militärfahrzeuge sind auf dieser Seite zu sehen. Sehr selten werden am Unimog mehrteilige Trilexfelgen verwendet. Das obere Fahrzeug der mittleren Baureihe 436 ist darüber hinaus mit einem Faltverdeck-Fahrerhaus ausgerüstet. Diese Fahrerhaus-Variante wird für den zivilen Bereich ebenfalls nicht angeboten.

Das untere Bild zeigt einen Unimog der schweren Baureihe 435 mit langem (3850 mm) Radstand. Das rechtsgelenkte Fahrzeug verfügt über eine Dachluke sowie einen Frontschutzbügel. Auffällige Details sind die großen Abschleppösen sowie die Gummipuffer an der vorderen Stoßstange. (02/30)

Seit 1976 setzt die Bundeswehr den U1300L der Baureihe 435 ein. In unzähligen Versionen wurden über 20 000 Fahrzeuge dieses Typs beschafft. Der abgebildete Unimog mit verlasteter Kabine der Kategorie 1 gehörte zum deutschen Unterstützungsverband UNOSOM II während des humanitären UN-Einsatzes in Somalia. Eingesetzt wurde das Fahrzeug von „Radio Andernach", einer Einheit, die Sendungen für das deutsche Militärpersonal gestaltete. (32)

Zur schweren Baureihe 437 gehört dieser dreiachsige U 2450L 6×6. Er ist mit einem Drohnen-Startgerät der Firma CAC versehen. Mittels sogenannter Drohnen werden unbemannte Aufklärungsflüge unternommen. Das Gesamtgewicht des Fahrzeuges beträgt 14 Tonnen, es ist mit gängigen Transportflugzeugen luftverlastbar. Auffällig die abgeänderte Motorhaube mit höherer und gerader Abschlußkante. (01)

46 42

Linke Seite:
Seit 1994 wird für die Bundesluftwaffe der U1200 aus der Baureihe 427 als Flugzeugschlepper beschafft. Er löst den seither verwendeten U900 (Baureihe 406) ab. Eine Anzahl von Fahrzeugen ist zusätzlich mit einer Zwischenachs-Kehrmaschine der Firma Schmidt ausgestattet. Auch die finnische Luftwaffe setzt den U1200 in einer etwas abgeänderten Form als Flugzeugschlepper ein.
Das Foto zeigt ein Fahrzeug beim Ziehen eines Bundeswehr-Tornados beim JaboG 32 in Lager Lechfeld. (02)

Seit Mitte 1997 läuft bei der australischen Armee ein neues Berge- und Abschleppfahrzeug. 55 Einheiten werden auf Basis des U2450L 6×6 (Baureihe 437) ausgeliefert. Ausgerüstet ist das Fahrzeug mit einem teleskopierbaren Abschleppbalken, Seilwinden und einem hydraulischen Ladekran. Darüber hinaus sorgt eine Reifendruckregelanlage für den jeweils optimalen Luftdruck in wechselnden Geländeverhältnissen. Typisch für Fahrzeuge der australischen Armee ist der Frontschutzbügel und die großen Abschleppösen. (02)

Auch für rückwärtige Verwaltungs- und Infrastrukturdienste wird der Unimog beim Militär genutzt, wobei sich diese Fahrzeuge oft nur in der Farbe von ihren zivilen Pendants unterscheiden. Nachfolgend drei Beispiele zu diesem Komplex.

Bei einer Standortverwaltung (STOV) in Oberbayern wird dieser U650 der Baureihe 407 zur Grünflächenunterhaltung eingesetzt. Frontseitig ist ein Balkenmähwerk angebaut, der angehängte Ladewagen nimmt das anfallende Schnittgut auf. (30)

Ebenfalls bei einer STOV in Bayern versieht dieser U900 aus der Baureihe 406 seinen Dienst. Aufgebaut ist eine selbstaufnehmende Kehrmaschine des Typs SK 310 der Firma Schmidt. Das Fassungsvermögen beträgt drei Kubikmeter. Ebenfalls gut zu erkennen sind der frontseitige Zapfwellenantrieb und die Geräteanbauplatte. (30)

Zur belgischen Armee gehört dieser Zweiwegeunimog aus der Baureihe 416. Solche Fahrzeuge werden für Rangier- und Verschiebearbeiten in Depots mit Gleisanschluß eingesetzt. Auffällig die Sandstreuanlagen vor den Rädern, die für eine bessere Traktion sorgen. (38)

Über vierzig Jahre liegen zwischen diesen beiden Bildern. Das Bild oben zeigt einen U25 (Baureihe 401) der Schweizer Armee mit Vorbauschneeschleuder. Der Antrieb erfolgt durch einen separaten Aufbaumotor auf der Pritsche. Etwas kurios ist die durch das Fahrerhaus laufende Antriebswelle. (02)

Hochmodern dagegen die Frässchleuder FS 4 der Firma Schmidt an einem U1600 (Baureihe 427) der Bundesluftwaffe. Den Antrieb der Schneefräse übernimmt ein 248 PS starker V6-Dieselmotor. Mit diesem Fahrzeug sind Räumleistungen von bis zu 2400 Tonnen Schnee pro Stunde möglich. (30)

Linke Seite oben:
Zum Fahrzeugbestand des Marinearsenals in Kiel gehört dieser interessante Unimog auf Basis eines Triebkopfes der Baureihe 416. Angebaut ist eine Kabelwinde der Firma Lancier vom Typ 1077 Umo: 6,8 ZT. Das 1980 gebaute Fahrzeug wird zum Transport der Räumkabel von Minensuchbooten eingesetzt. (32)

Linke Seite unten:
Einen U600L der Baureihe 421 zeigt das nachstehende Foto. Das Fahrzeug wurde mit einem 4-Tragen-Sankofferaufbau der Firma Werner versehen. Außerdem verfügt es über eine Klimaanlage. Dieses Exportfahrzeug trägt das Signet des Roten Halbmondes, einer Organisation ähnlich des Roten Kreuzes, die vor allem in moslemischen Ländern zu finden ist. (12)

Oben: Bei einer Militärfeuerwehr der US-Armee in Katterbach ist dieser Unimog der Baureihe 419 eingesetzt. Da die Fahrzeuge dieser Baureihe normalerweise als Mehrzweckfahrzeuge bei Heeresverbänden der US-Armee eingesetzt sind, handelt es sich bei dem abgebildeten Unimog um ein Einzelstück. Das 1989 gebaute, 110 PS starke Fahrzeug verfügt über einen Frontlader sowie über einen klappbaren Heckbagger. (26)

Unten: Bei der niederländischen Luftwaffe ist dieses TLF 1500 auf einem Unimog U1750L (Baureihe 437) im Einsatz. Der Aufbau stammt von der Firma Saval-Kronenburg. Es werden 1500 Liter Wasser und 140 Liter AFFF mitgeführt. Zusätzlich verfügt das 1990 gebaute Fahrzeug über einen Lichtmast mit drei Halogenscheinwerfern. (06)

... in der Bau- und Energiewirtschaft

Recht schnell wurde der Unimog im Bereich des Baugewerbes und der Energiewirtschaft bekannt. Unter anderem war dies auf die Leistungen zurückzuführen, die der Unimog beim Talsperren- und Seilbahnbau in der Schweiz erzielt hatte. Hierfür konnten bislang für bestimmte Aufgaben Fahrzeuge nur unzureichend eingesetzt werden – eine Situation, die sich durch den Unimog nachhaltig änderte.
Ob als Zugmittel für den Baumaschinentransport oder als selbstfahrende Arbeitsmaschine, die Konzeption des Unimog ermöglicht eine perfekte Anpassung an den Einsatzzweck. Besonders hervorzuheben ist hierbei die Spanne der möglichen Fahrgeschwindigkeiten, die von 80 Meter pro Stunde bis fast 100 km/h reicht. Dies ermöglicht sowohl zeitaufwendige Arbeiten, wie das Verdichten, als auch schnelle Verlegungsfahrten zu wechselnden Baustellen, so daß ein wirtschaftliches Arbeiten ermöglicht wird.

In den ersten Jahren nach dem Zweiten Weltkrieg, als es galt, die zerstörten Städte wieder aufzubauen, erwiesen sich die ersten Unimog als unentbehrliche Helfer der Bauwirtschaft. Das zeitgenössische Foto zeigt einen U25, der einen ausgemusterten M19-Panzertransportanhänger zieht, welcher mit einem Menck-Seilbagger beladen ist. Der Zweischalengreifer des Baggers findet auf der Pritsche Platz. (02)

Bei der Suche und dem Abbau von Bodenschätzen wird in vielen Ländern auf den Unimog gesetzt. Nachfolgend drei Beispiele für dieses Teilgebiet der unerschöpflichen Verwendungsmöglichkeiten, die der Unimog bietet.

Rechts: Noch immer im Einsatz ist dieser Unimog aus der Baureihe 411. Das Fahrzeug wird im Tagebau in Griechenland eingesetzt. Anhand der unterschiedlichen Radnaben ist ersichtlich, daß die Hinterachse von einem späteren Modell stammt. (37)

Rechts: In den Tagebauen der Rheinbraun in Deutschland ist eine Vielzahl Unimog in verschiedenen Versionen eingesetzt. Einen Bautruppwagen zeigt dieses Foto. Das Fahrzeug ist ein U1250L aus der Baureihe 427. Angehängt sind ein Material- und ein Kompressoranhänger. (30)

Unten: Eine ganze Unimog-Flotte auf dem Weg ins Einsatzgebiet, eine chinesische Wüste. Schon seit vielen Jahren werden Unimog in verschiedenen Versionen zum Erschließen von Bodenschätzen in China eingesetzt. Auf dem Foto sind Tankwagen, Bohrgeräte und Materialfahrzeuge erkennbar. Alle sind mit Klimaanlage, Sandbereifung und Vorbauseilwinde ausgerüstet. Die Fahrzeuge gehören zu den Baureihen 435 und 437. (02)

Fünf Unimog U25 der Baureihe 402 zeigt dieses Foto aus den fünfziger Jahren. Neben Pritschenfahrzeugen befinden sich auch zwei Meßfahrzeuge mit Kofferaufbauten auf dem Bild. Eingesetzt wurden diese Fahrzeuge für seismische Untersuchungen und Probebohrungen. Alle Fahrzeuge sind mit ausstellbaren Frontfenstern und Sonnenschutzdächern ausgestattet, was auf einen Einsatz in wärmeren Gefilden schließen läßt. (02)

Einen sehr ungewöhnlichen Aufbau trägt dieser U900 der Baureihe 406. Auf dem Pritschengrundrahmen (Spinne) ist ein Betonmischer-Aufbau aufgesetzt. Dessen Antriebswelle ist unterhalb der Fahrertür gut zu erkennen. Eingesetzt werden solche Fahrzeuge unter anderem bei Baustellen im Gebirge und anderen schwer zugänglichen Stellen, wo Transportbeton benötigt wird. Da der Aufbau schnell demontierbar ist, steht der Unimog nach kurzer Rüstzeit auch für andere Aufgaben zur Verfügung. (02)

Für manche Einsatzzwecke eignen sich Sonderanfertigungen besser als die Standardpritsche. So wurden mehrere Unimog der Baureihe 406 mit Felsmulden versehen. Das zeitgenössische Foto zeigt eines dieser Fahrzeuge, wie es von einem Mobilbagger mit Steinquadern beladen wird. (02)

Daneben gab es auch Versionen mit einem aufgesattelten Muldenauflieger. Interessant, daß hierbei der serienmäßige Grundrahmen der Pritsche, die sogenannte Spinne, am Fahrzeug verblieb. (02)

Nicht nur im Hochgebirge ist der Unimog auf Baustellen und in der Energieversorgung zu finden. Eine größere Anzahl verschiedener Fahrzeuge wird im anderen Extrem eingesetzt – unter Tage. Hier vor allem in Kohle- und Salzbergwerken. Neben dem Abraum- und Mannschaftstransport dienen Unimog als Werkstatt- und Servicefahrzeug, als Tankwagen oder auch als Sprengwagen.
Das obere Bild zeigt einen Unimog der Baureihe 411. Alles Entbehrliche wie Türen und Frontscheibe sind demontiert. An der Frontseite befindet sich eine Seilwinde. Interessant auch der Größenvergleich zu einer Grubenlokomotive. (02)
Das untere Bild zeigt einen Muldenkipper, der auf einem Triebkopf der Baureihe 416 basiert. Gut zu erkennen ist die Antriebswelle zur ersten Hinterachse. Auch bei diesem Fahrzeug sind nur die für den Einsatz notwendigen Teile verblieben. (02)

Sehr vielseitig verwendbar sind Kofferaufbauten auf Unimog-Fahrgestellen. Neben dem Materialtransport dienen sie unter anderem als Meß-, Werkstatt-, Bautrupp-, Abschmierfahrzeug, um nur einige Möglichkeiten zu nennen. Das Foto zeigt einen U1100 aus der Baureihe 416 einer Bautenschutzfirma. Interessant der umlaufende Kühlerschutz und die beiden Stative für Scheinwerfer oder Kennleuchten auf den vorderen Kotflügeln. (30)

Unten: Zwei Unimog U1300 (Baureihe 425) zeigt dieses Foto. Statt der hinteren Bordwand ist eine Schüttklappe angebaut. Eingesetzt werden die Fahrzeuge beim Filtersandaustausch in einem Filterbecken der Gelsenwasser. Gut zu erkennen ist die großvolumige Sandbereifung für geringe Bodendrücke. (02)

Zwei Generationen von Unimog mit Kehrmaschinen zeigt dieses Foto. Links ist ein U600 der Baureihe 421 zu sehen, rechts ein U34 aus der Baureihe 411. Beide Fahrzeuge verfügen über einen hochgesetzten Luftansaugstutzen mit Zyklon-Filter sowie einen Wassertank auf der Pritsche. (31)

Fast auf jeder Baustelle zu finden sind Unimog mit Plattenverdichtern zum Verdichten von rolligem Material. Die dafür sehr niedrigen Arbeitsgeschwindigkeiten sind mit Kriechganggruppen zum Getriebe realisierbar. Das Foto zeigt einen U140 (Baureihe 418), ausgerüstet mit Wasserfaß und Plattenverdichtern der Firma Trenkle. Das Fahrerhaus ist die Hochdachausführung, die auf Wunsch lieferbar ist. (30)

Als schnelles und geländegängiges Fahrzeug für Bau- und Reparaturtrupps eignet sich der Unimog, besonders für den Fall, daß die Einsatzorte abseits von Straßen liegen, was insbesondere in der Energiewirtschaft öfter vorkommt.

In Irland werden derzeit über 130 Fahrzeuge vom Typ U140L (Baureihe 418) in der Netzunterhaltung und für Reparaturen eingesetzt. Für viele dieser Fahrzeuge typisch ist das verlängerte Fahrerhaus sowie die Beladung mit verschiedenen Leitern. (02)

Bilder Mitte und unten:
Für den gleichen Einsatzzweck setzt ein Energieversorger aus Finnland den U90 aus der Baureihe 408 ein. Auch dieses Fahrerhaus wurde verlängert. Zusätzlicher Stauraum ergibt sich durch eine Gepäckbrücke auf der Kabine. Frontseitig ist eine kleine Seilwinde montiert. (26)

Ein beträchtlicher Teil der Unimog wird mit Ladekränen ausgerüstet. Einen Querschnitt verschiedener Typen zeigen die nächsten drei Seiten.

Eine besondere Konstruktion aus den fünfziger Jahren stellt der Unikran der Firma Donges dar. Der Kran ist als einachsiger Sattelauflieger konstruiert. Die Hubkraft beträgt bis zu 3000 kg. Sowohl der Auflieger als auch die Hinterachse des Unimog sind zwillingsbereift. Neben dem Aufbau auf der Baureihe 411, wie abgebildet, wurde dieser Kran auch für das Unimog-S-Fahrgestell angeboten. (31)

Mit einem Meiller-Ladekran ist dieser U1300L (Baureihe 435) einer Stuttgarter Rohrleitungsbaufirma ausgerüstet. (30)

Dieses Foto zeigt einen Unimog der Baureihe 435 im Einsatz im Oman. Das zu einer Gesellschaft für Bodenuntersuchungen für die Erdölindustrie gehörende Fahrzeug trägt einen relativ kleinen Ladekran. (29)

Zu den Unimog-Anwendern gehören auch Energieversorgungsunternehmen. Insbesondere Versionen mit Ladekran werden hier häufig eingesetzt. Neben Ladearbeiten werden sie beim Verlegen von Rohrleitungen benutzt. Auch hierzu nachfolgend drei Beispiele.

Bei der Südhessischen Gas und Wasser AG ist dieser U1150 (Baureihe 417) im Einsatz. Das Fahrzeug ist mit einem Hiab-050-Ladekran und einer Frontanbauplatte versehen. (41)

Die Schweiz ist das Arbeitsgebiet dieses U1650 (Baureihe 427), der mit Hiab-Ladekran und Werner-Frontseilwinde ausgestattet ist. Für Schweizer Fahrzeuge typisch ist die lange Pritsche aus Aluminium. (02)

Einen schweren Anhänger, beladen mit Teilen für eine Umspannstation, zieht dieser Unimog aus der Baureihe 437. Der Ladekran ist ein Hiab Typ 140, der eine Tragkraft von 6000 kg bei zwei Meter Ausladung hat. Auch dieses Fahrzeug verfügt frontseitig über eine Seilwinde. Eingesetzt wird es in Oberbayern von den Isar-Amper-Werken. (30)

Je nach Einsatzzweck unterscheiden sich Unimog-Kranfahrzeuge sehr voneinander. Drei gänzlich unterschiedliche Fahrzeuge zeigt diese Seite.

Kompakt präsentiert sich dieser U900 (Baureihe 406) eines Stuttgarter Garten- und Landschaftsbauers. Frontseilwinde, Zyklon-Luftfilter und hochgezogene Auspuffanlage sind einige Ausstattungsmerkmale. (27)

In Belgien im Einsatz ist dieser U1750L der Baureihe 437. Das nur halbseitige Fahrerhaus ist eine Einzelanfertigung, die es ermöglicht, Langgut zu transportieren. Die vordere Stütze ist auf dem Rahmen der Frontseilwinde montiert. Der Ladekran stammt von der Firma Fassi. (02)

Mit einem schweren Ladekran des Typs PK 17000 der Firma Palfinger sowie einer Pritsche von Empl ist dieser dreiachsige U2450L ausgestattet. Ein interessantes Detail sind die klappbaren Abstützungen des Kranes, der über eine Ausladung von fast 22 Meter verfügt. (36)

Für spezielle Zwecke findet man auch Bagger-, Steiger- und andere Aufbauten auf Unimog-Fahrgestellen. Die kompakte Bauweise und die hohe Straßengeschwindigkeit ermöglichen das Arbeiten unter beengten Verhältnissen und den raschen Wechsel der Einsatzorte.

Einen U900 der Baureihe 406 mit einem Baggeraufbau der Firma Klaus zeigt diese Aufnahme. Durch eine ausgeklügelte Kinematik ist dieser Bagger in Fahrstellung sehr kompakt. (31)

Dieser U650 aus der Baureihe 407 ist mit einem Steiger versehen. Fahrzeuge dieser Art werden häufig bei Fassadenarbeiten und der Instandsetzung technischer Einrichtungen wie Beleuchtungen eingesetzt. Frontseitig sind Anbaubeschläge montiert, an die unter anderem ein Frontlader angebaut werden kann. (41)

In Libyen wird dieser U600 (Baureihe 421) als Wasserpumpenkran eingesetzt. Bemerkenswert ist die erhöhte Anbringung des Luftfilters auf dem Fahrerhausdach. Dem äußeren Zustand nach wird mit diesem Fahrzeug nicht immer pfleglich umgegangen. (29)

Weltweit im Einsatz sind Erdbohrgeräte, die auf Unimog-Fahrgestellen zum Einsatz kommen. Neben seismischen und geologischen Untersuchungen werden diese Fahrzeuge insbesondere in Entwicklungsländern zum Brunnenbau verwendet.
Das obere Foto zeigt einen U1350L (Baureihe 437) bei Probebohrungen in einem Steinbruch. (02)

Mit einem Tiefenbohrgerät der Firma Witte ist der Unimog auf dem unteren Foto ausgerüstet. Das zur schweren Baureihe 437 gehörende Fahrzeug zeigt deutlich die kompakten Abmessungen des Fahrzeugs in Fahrstellung. (42)

Die beiden Fotos auf dieser Seite zeigen zwei Unimog U2150 aus der Baureihe 437. Sie wurden von der Firma Föckersberger zum Seilwindentrac ausgerüstet. Diese Spezialfahrzeuge dienen zum Transport und zum Ziehen eines Kabelverlegepfluges. Die eingebaute Seilwinde ermöglicht im Flaschenzugbetrieb Zugleistungen von bis zu 100 Tonnen. Das große Abstützschild sorgt hierbei für einen sicheren Stand. Die lange Motorhaube ergibt sich durch Verwendung von Unimog-Karosserieteilen, darunter befinden sich die Tanks für Kraftstoff und Hydrauliköl. Das obere Bild zeigt eine komplette Verlegeeinheit, bestehend aus Zugfahrzeug, Transportanhänger und Kabelpflug. (30)

Im Braunkohletagebau werden oft kilometerlange Förderbandstraßen eingesetzt, um Kohle und Abraum zu transportieren. Diese Förderbänder aus Gummi haben bei einer Länge von 200 Meter ein Gewicht von bis zu 40 Tonnen. Reißt ein solches Band, oder muß ein neues eingesetzt werden, müssen die beiden Enden zusammengeführt und verschweißt werden. Hierbei treten Kräfte von bis zu 20 Tonnen auf. Für diese Arbeiten wird bei der Rheinbraun ein Unimog der Baureihe 437 eingesetzt. Er ist mit einer Seilwindenanlage der Firma Rotzler ausgerüstet. Für die nötige Standsicherheit im Zugeinsatz sorgt die riesige Bergstütze. Frontseitig sind die Tanks für Kraftstoff und Hydrauliköl montiert. (10)

Bei Straßenarbeiten ist es sehr oft nötig, Kalk oder andere Bindemittel auszubringen. Die Firma F. Kirchhoff aus Stuttgart setzt hierfür mehrere Unimog-Triebköpfe der Baureihe 437 ein. An das Fahrgestell ist ein 11 m^3 fassender Silo angebaut, die Hinterachse ist ebenfalls angetrieben, so daß durch den Allradantrieb auch schwierige Geländeverhältnisse bewältigt werden können. Durch das Bindemittel wird die Originallackierung schon nach kurzer Zeit überdeckt, wie auf dem Foto gut zu sehen ist. (30)

Tankfahrzeuge auf Unimog-Fahrgestellen dienen der Versorgung von Baumaschinen und Fahrzeugen auf Großbaustellen und im Tagebau. Je nach Bauart werden neben Kraftstoffen auch Wasser, Öle und sonstige Verbrauchsgüter, wie Fett, zum Einsatzort transportiert.
Das obere Bild zeigt einen U1100 aus der Baureihe 416. Anhand der Warntafel ist ersichtlich, daß dieses Fahrzeug Dieselkraftstoff transportiert. Darüber hinaus befinden sich Kanister in seitlichen Lagerungen. Dieses Fahrzeug ist auch für andere Zwecke einsetzbar, da es mit einer Geräteanbauplatte versehen ist. (31)

Der Unimog U1750L (Baureihe 437), den das untere Bild zeigt, ist im Braunkohletagebau der Grube Nochten/Lausitz im Einsatz. Auch dieses Fahrzeug transportiert zum Zeitpunkt der Aufnahme Dieselkraftstoff. (29)

Zur folgenden Doppelseite: Besonders im Baugewerbe war der Vorbaukompressor weit verbreitet, der Prospekt erschien im November 1959.

PRESSLUFT-ANBAUGERÄT 2200

TECHNISCHE DATEN · BESCHREIBUNG

Gewicht:	ca. 160 kg
Betriebsdruck:	bis 6 atü
Ansaugleistung:	2200 l/min bei 5 atü Betriebsdruck und Zapfwellendrehzahl 540 U/min.

Anbau: Das Gerät wird auf die vordere Stoßstange aufgesetzt und mit Schnellverschluß gesichert. Der Antrieb erfolgt über die vordere Zapfwelle. Bei stillstehender Zapfwelle läßt sich der Antrieb leicht abkuppeln, ohne daß der Kompressor abmontiert werden muß. Dadurch können mit der seitlichen Riemenscheibe und der hinteren Zapfwelle andere Geräte betrieben werden.

Bauweise: Das Gerät ist als einstufiger 4-Zylinder-Kolben-Kompressor in V-Bauart mit Gebläsekühlung und Spezial-Doppelventilen angelegt. Die Ventile sind präzise und robust gebaut; vorzügliche Kühlung macht sie unempfindlich gegen hohe Außentemperatur. Ihre Verschleißteile können leicht kontrolliert und ausgewechselt werden.

Kühler: Drall-Kühler aus hochwertiger Aluminiumregulierung, innen und außen zur Luftkühlung berippt, kühlen die Preßluft auf die für Schläuche und Werkzeuge zulässige Temperatur.

Gebläse: Ein Zwillings-Axial-Gebläse modernster Bauart erzeugt einen starken Kühlluftstrom; es wird vom Schwungrad des Kompressors durch zwei Keilriemen mit einfach zu regelnder Riemenspannung angetrieben.

Verkleidung: Kompressor-Oberbau, Kühler, Druck- und Saugleitungen sind zur Führung des Kühlluftstromes und zum Schutz gegen die Witterung vollkommen verkleidet. Die Abdeckhaube läßt sich zur Wartung und Reinigung des Gerätes beiderseits aufklappen. Im Betrieb ist die Verkleidung zur Kühlluftführung stets geschlossen zu halten.

Getriebe: Das staubdicht gekapselte Kettengetriebe besteht aus 2 Rollenketten mit selbsttätiger Spannvorrichtung. Eine Kupplung zum Abschalten des Kompressors ist nach Öffnen eines Schaudeckels bei Stillstand leicht zu bedienen.

Rahmen: Zum leichten Transport des Gerätes sowie zu seinem Anbau am Unimog mit dem Schnellverschluß ist der Kompressor mit einem Spezial-Rohrrahmen versehen.

Preßluftbehälter: Der Preßluftbehälter mit 25 Liter Inhalt besitzt 2 Kupplungshähne R 1″, abschraubbare Momentkupplungen mit 42 mm Nockenweite und Metalldichtung sowie Manometer mit Doppelskala (kg/cm^2, $lbs/inch^2$) und Metallsitz-Sicherheitsventil auf 7 atü eingestellt.

Regelung: Zur Vermeidung unnötiger Motorbelastung kann die Ansaugmenge je nach Verbrauch des jeweiligen Arbeitsgerätes durch Handverstellung genau reguliert werden.

Leerlaufregler: Die automatische Leerlaufschaltung des Kompressors läßt sich auf verschiedene Druckgrenzen einstellen.

Luftfilter: Das Gerät besitzt einen Ölbad-Luftfilter für großen Staubanfall mit kompletten, leicht abnehmbaren Saugleitungen.

Hersteller: Electron-Co. m.b.H., Stuttgart, Spezialfabrik für Kompressoren, Daimler-Benz AG. — Werk Gaggenau, über die UNIMOG-Verkaufsorganisation.

Bei jedem Gerät liegt ein Garantieschein, eine Gebrauchsanleitung und eine Ersatzteilliste. Leistungen im Rahmen der Garantieverpflichtung werden von der Firma Electron-Co. m.b.H., Stuttgart, ausgeführt.

DAIMLER-BENZ AG WERK GAGGENAU

UNIMOG macht schwere Arbeit leicht

U 1093 11059 Printed in Germany

UNIMOG

Der Anbaukompressor zum Unimog ist die ideale Energiequelle für alle Preßluftgeräte:

Der Kompressor hat eine Leistung von 2200 l/min bei 5 atü Betriebsdruck;

er arbeitet ruhig und zuverlässig bei jeder Außentemperatur;

er läßt sich mit dem geländegängigen Unimog auch an unzugänglichen Arbeitsstellen einsetzen;

der vielseitige Unimog kann dabei auch noch andere Arbeiten übernehmen — z. B. Transporte von Arbeitskräften, Gerät oder Material.

UNIMOG

◄ Unimog 30 mit geschlossenem Fahrerhaus und Preßluftanbaugerät 2200 mit zwei Bohrhämmern.

▼ Unimog 30 mit Klappverdeck und Preßluftanbaugerät 2200 mit Rotor-Sumpfpumpe

...bei Privatfirmen und in der Industrie

Weltweit steht der Unimog bei Tausenden von Firmen aus den unterschiedlichsten Branchen im Einsatz. Geschätzt wird hierbei vor allem die Möglichkeit, mit nur einem Fahrzeug sehr viele Arbeitsgebiete abzudecken. Aber auch speziell auf einen Zweck zugeschnittene Sonderfahrzeuge sind aufgrund des Baukastensystems leicht realisierbar. Eine kleine Auswahl aus diesem Themenkomplex zeigen die nachfolgenden Bilder.

Gerade bei Rangierarbeiten auf den oft kleinen und überfüllten Brauereihöfen kann der Unimog seine Wendigkeit unter Beweis stellen.

Dieses aus den fünfziger Jahren stammende Foto zeigt einen U25 im Einsatz bei der Stuttgarter Dinkelacker-Brauerei. Bemerkenswert ist die zwillingsbereifte Hinterachse. (02)

Neben Rangierarbeiten werden Unimog von Brauereien oft auch zur Versorgung von bewirtschafteten Almen und Hütten verwendet. Steile und enge Zufahrtsstraßen, die selten befestigt sind, lassen oft keine andere wirtschaftliche Wahl. Hier ein U650L (Baureihe 407) vom Brauhaus Tegernsee. (22)

Hier zu sehen ein U900 aus der Baureihe 406. Das mit einer Mulag-Panoramakabine ausgerüstete Fahrzeug gehört zum Fuhrpark der Stuttgarter Dinkelacker-Brauerei. Aufgenommen wurde es 1994 während Rangierarbeiten beim Stuttgarter Volksfest. (30)

Auch der Wettbewerb setzt auf den Unimog als Rangier- und Zugfahrzeug. Hier ein U1200 im neuen Farbschema der Stuttgarter Hofbräu-Brauerei, ebenfalls 1994 fotografiert. (30)

Nicht weniger als sieben Unimog sind auf diesem Foto zu sehen. Eingesetzt wurde diese Flotte im Zubringerdienst der Firma Schlempe. Im Vordergrund stehen vier Exemplare der damals brandneuen Unimog-Baureihe 421. Bei den beiden hinteren Fahrzeugen handelt es sich um Unimog aus der 411er-Baureihe. Bei genauem Hinsehen erkennt man am rechten Bildrand einen U411-Triebkopf mit Kehrmaschinenaufbau beim Reinigen des Betriebsgeländes. (02)

Heute fast ganz aus dem Straßenbild verschwunden sind Zugmaschinen mit zwei Anhängern. Steigende Verkehrsdichte und eine gewisse Unhandlichkeit beim Rangieren sind wohl die Hauptgründe dafür gewesen. Hier noch ein Foto aus den sechziger Jahren: Ein Unimog der Baureihe 416 mit zwei Anhängern im Einsatz bei einem Hamburger Umzugsunternehmen. (02)

Die Rotel-Tours des Passauer Unternehmers Georg Höltl sind weltbekannt. Ziele in aller Welt werden mit Hotelbusgespannen angesteuert. Oftmals sind auch Reisen im Angebot, die es bislang noch nicht gab. So wurde 1969 die erste Transsahara-Reise über 4000 Kilometer von Tunis nach Accra durchgeführt. Als Bergefahrzeug fuhr ein Unimog aus der Baureihe 406 mit. Das Fahrzeug war mit Sandblechen und einer Seilwinde ausgerüstet. Während dieser Reise benötigte man die Zughilfe des Unimog nicht weniger als vierzehn Mal, um das Busgespann nach dem Einsanden wieder flottzumachen. (02)

Als Umsetzfahrzeug für Pferdeausflugs-Anhänger wird dieser U84 der Baureihe 406 in Oberbayern eingesetzt. Das schon etwas verschlissene Fahrzeug ist mit einem Mulag-Panorama-Fahrerhaus ausgerüstet, das im Vergleich zum Serienfahrerhaus über einen deutlich größeren Innenraum und größere Scheiben verfügt. Als Basis für diese Fahrerhäuser diente das offene Fahrerhaus. Interessant auch die höher gesetzten Arbeitsscheinwerfer. (30)

Besonders in der chemischen Industrie und eisenverarbeitenden Betrieben ist der Unimog als Industriezugmaschine weit verbreitet. Diese Fahrzeuge werden entsprechend ihrem Einsatzzweck mit Ballastgewichten, beidseitigen Anhängerzugvorrichtungen und Wandlerschaltkupplungen ausgestattet. Das Bild zeigt einen U900 aus der Baureihe 417. Gut zu erkennen die vordere massive Stoßstange sowie der zusätzliche Ölkühler im Kühlergrill. (02)

Auch als Meßwagen findet der Unimog zunehmend Verwendung. Oftmals ist es nötig, Meßstellen auch in schwierigem Gelände zu erreichen. Hier ein U1550L (Baureihe 437) der Karlsruher Firma UMEG. Das Fahrzeug dient zur Schadstoffmessung, insbesondere in Smog-Gebieten. Für einen Unimog eher ungewöhnlich ist der große Dachspoiler, hinter dem sich eine Klimaanlage verbirgt. (30)

Schon über längere Zeit werden Unimog bei den Salzburger Festspielen eingesetzt. Ihre Aufgabe ist unter anderem der Personal- und Materialtransport. Auf speziellen Anhängern werden so auch Requisiten und Teile der Bühnentechnik transportiert. Als Besonderheit verfügen die Salzburger Fahrzeuge über Doppelkabinen, wie sie normalerweise nicht auf kurzen Fahrgestellen verwendet werden.

Oben ein U900 (Baureihe 406) wie er früher eingesetzt wurde. In der Seitenansicht wird die Kabinenlänge deutlich. (24)
Im Vergleich hierzu das neue Fahrzeug auf dem unteren Bild. Das zur Baureihe 427 gehörende Fahrzeug besitzt hinter dem Fahrerhaus einen kleinen Gerätekasten. Auffällig auch der Dachbalken mit Kennleuchten und Scheinwerfern, wie er normalerweise nur an Kommunalfahrzeugen verbaut wird. (33)

Oftmals findet man in Mercedes-Benz-Werkstätten noch alte Unimog der ersten Baureihen, die sich ihren „Gnadendiesel“ noch als Mädchen für alles verdienen. Neben Abschlepp- und Rangierarbeiten gehören Wegeunterhaltung und Antrieb diverser Gerätschaften zu ihren Aufgaben.
Das obere Bild zeigt einen U25, der im Hohenlohischen noch immer im Einsatz ist. Alles Entbehrliche wurde weggelassen, statt dessen wurden ein Vorbaustapelmast sowie ein hydraulischer Ladekran angebaut. (30)

Das untere Bild wurde in Windhoek, Namibia, in der dortigen Mercedes-Benz-Vertretung aufgenommen. Es zeigt einen Unimog der Baureihe 411 mit langem Radstand. (31)

Allradantrieb, kurze Bauweise mit entsprechender Wendigkeit sowie die Möglichkeit, Seilwinden und Ladekräne anzutreiben, prädestinieren den Unimog als Abschleppfahrzeug.
Das obere Bild zeigt einen Unimog der Baureihe 416, wie er in Belgien im Einsatz ist. Wenn man sich das Foto genau ansieht, erkennt man viele Ausrüstungsgegenstände, die an allen möglichen Stellen angebracht sind. (38)

Wesentlich aufgeräumter wirkt dagegen der Unimog der schweren Baureihe, der auf dem unteren Bild zu sehen ist. (25)

Schon die ersten Unimog-Baureihen waren im Flughafeneinsatz zu finden, und dies ist bis heute so geblieben. Ob zum Freihalten der Verkehrswege, als Vorfeldbus oder als Zugmittel für diverse Anhänger, die Einsatzmöglichkeiten sind mannigfaltig. Nachstehend drei Beispiele für Unimog im Dienste der Luftfahrt.

Dieser U1000 aus der Baureihe 424 wird von der belgischen Fluglinie Sabena eingesetzt. Das Foto zeigt ihn beim Transport eines Strahltriebwerkes. (02)

Zum Fuhrpark des Stuttgarter Flughafens gehört dieser U1650 (Baureihe 427). Zum Zeitpunkt der Aufnahme war das Fahrzeug mit einer Zwischenachskehrmaschine und einem Silostreugerät ausgerüstet. Als Besonderheit verfügt das Fahrzeug über eine lenkbare Hinterachse, die der Wendigkeit zugute kommt. (30)

1995 konnte auf einem Segelflugplatz im Allgäu dieser U1100T der Baureihe 416 fotografiert werden. Es handelt sich um einen Triebkopf mit angebautem Niederflur-Hubwagen der Firma Ruthmann. Anstatt eines Behälters wird eine Seilwindenanlage für Segelflugzeugstarts transportiert. Die Anlage verfügt über einen eigenen Antrieb, so daß sie vom Unimog an jeder beliebigen Stelle des Flugplatzes abgesetzt werden kann. (30)

Auch bei Schaustellerbetrieben findet man häufig Unimog im Fuhrpark. Hohe Zugleistungen und die kurze, wendige Bauart lassen den Unimog zu einem wichtigen Fahrzeug werden. Als Beispiel hier ein U2150 (Baureihe 437) der Firma Löwenthal bei Rangierarbeiten während des Aufbaus eines Fahrgeschäftes. (30)

Auf einer Trabrennbahn in Japan ist dieser Unimog U1400 (Baureihe 427) im Einsatz. Ihm obliegt die Säuberung und Aufarbeitung des Rennbahnbelages. An das Fahrzeug ist ein „Beach Tech" von Kässbohrer angehängt. Die Arbeitsbreite beträgt 2400 mm, das Fassungsvermögen 4 m^3. Diese Anhänger werden weltweit auch zur Strandreinigung vieler Seebäder eingesetzt, auch hierbei fungiert oft ein Unimog als Zugfahrzeug. (02)

...als Wohnmobil, Rallye- und Freizeitfahrzeug

Ursprünglich wohl nicht dafür gedacht, wurde der Unimog schon recht bald von Weltenbummlern und Forschungsreisenden entdeckt. Seine Zuverlässigkeit und die Geländegängigkeit ermöglichten das Erreichen bislang unzugänglicher Ziele. Sehr bald kamen dann auch Wohnmobile in den unterschiedlichsten Ausführungen hinzu. Omnibusse dienen gleich mehreren Zwecken: Neben Besichtigungsrundfahrten und Zubringerdiensten stellen sie oft auch die einzige Möglichkeit dar, Orte miteinander zu verbinden oder Personal zu entlegenen Arbeitsplätzen zu bringen.

Ebenso hoch geschätzt ist der Unimog als Rallyefahrzeug, hier vor allem als Service- und Transportfahrzeug. Daß aber auch hier mehr zu erreichen ist, zeigen gewonnene Rallyes auf der ganzen Welt, inklusive bei der Paris – Dakar. Wachsende Begeisterung findet auch das Truck-Trail, ein Geschicklichkeitsfahren in schwerem Gelände. Auch hier dominiert in den kleinen Klassen der Unimog. Als jüngste Entwicklung gibt es nun den Funmog, eine Ableitung des in Japan sehr erfolgreichen Urban-Unimog, der als Spaß- und Freizeitmobil zum Einsatz kommt.

Beim österreichischen Mercedes-Benz-Importeur, der Firma Georg Pappas, ist dieser U2400 (Baureihe 437) im Einsatz. Das Fahrzeug trägt den Namen „Imperator" und wurde mit Edelstahlteilen optisch aufgewertet. (02)

In Japan entstand die Idee eines „Urban Unimog“ als Stadt- und Freizeitmobil. Neben Repräsentationszwecken dienen diese Fahrzeuge auch zum Transport von Sportgeräten wie Weltbikes oder Motorrädern. Zwischenzeitlich sind auch in Europa die ersten Fahrzeuge unter dem Begriff „FUN MOG“ ausgeliefert worden. Allen gemeinsam ist die hochwertige, einem Pkw ähnliche Innenausstattung und ein auffallendes Äußeres.

Ein U90 aus der Baureihe 408 in der Ausführung als „FUN MOG“. Neben einer anderen Form des Aufbaus ist es hier vor allem die Verwendung von Chrom und Edelstahl sowie die Metallic-Lackierung, die ihn von seinen arbeitenden Brüdern unterscheidet. (02)

Zur gleichen Modellreihe gehört dieses PR-Fahrzeug im Red-Bull-Design, das in Österreich öfter auf Veranstaltungen zu sehen ist. (33)

Etwas dezenter im Auftritt ist dieser U1400 (Baureihe 427). Gut zu erkennen der mehrteilige Rohrbügel hinter dem Fahrerhaus sowie die Zusatzscheinwerfer und Drucklufthörner. (30)

Ein wunderschönes Exemplar eines japanischen Urban Unimog zeigt dieses Foto. Viel Chrom, Zusatzscheinwerfer, Vorbauseilwinde und ein Blaulichtbalken (!) bestimmen das Äußere dieses Fahrzeuges. Wer genau hinsieht, erkennt an der Spitze der Peilstangen winzige Mercedes-Sterne. (02)

Dieser U90 Funmog aus der Baureihe 408 wird als Wartungsfahrzeug für Pisten-Bullys der Firma Kässbohrer in Japan eingesetzt. Hierfür ist statt der Pritsche ein Kofferaufbau montiert, der erstaunlicherweise englisch und deutsch (!) beschriftet ist. (02)

Weit verbreitet sind auch Busaufbauten und Mannschaftstransporter auf Unimog-Basis. Hier zu sehen ein Fahrzeug aus der Baureihe 416. Das Isolierdach und der Zyklon-Luftfilter lassen auf einen Einsatz in wärmeren Gefilden schließen. Interessant auch die Verbindung Fahrerhaus zum Aufbau, die durch eine Gummischürze abgedichtet ist.

Im Naturschutzgebiet der Plitwitzer Seen in Kroatien ist dieser Unimog mit Busaufbau und zwei Personenanhängern unterwegs. Mit ihm werden Besichtigungsrundfahrten durchgeführt. Ähnliche Züge werden auch zu Werksbesichtigungen großer Firmen eingesetzt, so zum Beispiel im Mercedes-Benz-Werk Rastatt. (20)

Am anderen Ende der Welt ist dieser U1300L aus der Baureihe 435 unterwegs. Er wird in Australien von der Firma Fraser Island Tours für Besichtigungen und Zubringerdienste eingesetzt. Besondere Anforderungen an das Fahrzeug stellt hierbei der ständige Kontakt mit Sand und Salzwasser. (02)

Auf den Namen „Anteos" hört dieser 14-sitzige Bus auf der Basis eines U1300L. Das mit allem Komfort und hochwertiger Technik ausgestattete Fahrzeug wurde Anfang der neunziger Jahre in Frankreich gebaut. Unter anderem wurde es konzipiert, um ein Fernsehteam in die Lage zu versetzen, die Rallye Paris-Dakar hautnah zu begleiten. Eine Kapazität von 360 Liter Kraftstoff ermöglicht eine Reichweite von bis zu 1500 Kilometer. (02)

In den leichten Klassen beim Truck-Trial dominiert der Unimog. Oftmals handelt es sich um ausgemusterte Armeefahrzeuge, die mit hohem Aufwand für diese Motorsportart umgebaut werden. Schalensitze, Sicherheitsgurte, Feuerlöscher und ein stabiler Überrollbügel sind vorgegebene Sicherheitsstandards. Dagegen wird alles Entbehrliche entfernt. So auch an diesem Unimog S der Baureihe 404.1 (31)

Im Rallyebereich dienen Unimog oft als Begleitfahrzeuge für die Versorgung und den Service. Und so ganz nebenbei werden fast immer vordere Plätze in den Lkw-Wertungsgruppen erreicht. Dieser U1550L der Baureihe 437 ist mit einem 240 PS starken Motor ausgerüstet, wie an dem höheren Kühlergrill und den tiefliegenden Blinkern zu erkennen ist. (30)

Ein recht ungewöhnliches Fahrzeug ist dieser Unimog der Baureihe 437. Ursprünglich im Nahen Osten bei einer Polizeieinheit zur Drogenschmuggel-Bekämpfung eingesetzt, dient er nun als Rallyefahrzeug. Interessant der Aufbau mit Plane. Durch eine abgeänderte Übersetzung erreicht das Fahrzeug eine Spitzengeschwindigkeit von 140 km/h. (40)

Mit zu den bekanntesten Unimog gehört dieser U1300L aus der Baureihe 435. Das Fahrzeug gewann 1985 die Rallye Paris – Dakar in der Lkw-Wertung. Später wurde es noch bei mehreren Motorsportveranstaltungen eingesetzt. So trägt es auf dem Foto die Beschriftung der Rallye Paris – Peking. (02)

Ein Unimog in seinem Element. Abgebildet ist ein U1300L mit langem (3700 mm) Radstand, der von der Firma Geo-Service als Begleitfahrzeug ausgerüstet wurde. Gut zu erkennen sind die abgeänderte Auspuffanlage sowie ein zusätzlicher Kraftstofftank auf der linken Fahrzeugseite. (15)

Von Weltenbummlern aller Art hoch geschätzt sind Wohnmobile auf Unimog-Basis. Von ausgemusterten Bundeswehrfahrzeugen, die oft in Eigenarbeit umgebaut werden, bis zu genau auf den Einsatzzweck abgestimmten Einzelanfertigungen aus spezialisierten Firmen, ist hier alles zu finden.

Ein ehemaliges Bundeswehr-Fahrschulfahrzeug diente als Basis für dieses Wohnmobil auf Unimog S (Baureihe 404.1). Markant auch der Umbau des ehemals offenen Fahrerhauses. (30)

Im Herbst 1993 wurde dieser Unimog aus der Baureihe 416 fotografiert. Das Fahrzeug war gerade von einer mehrjährigen Reise bei der World-Travel-Expedition zurück. Zur Ausrüstung gehören unter anderem Vorbauseilwinde, Stromgenerator und eine Klimaanlage. Auffällig die in Wagenfarbe lackierten Lochbleche an der Seite. (30)

Dieses Wohnmobil basiert auf einem Unimog der Baureihe 418 mit langem Radstand. Gut zu erkennen der Kühlerschutzbügel an der Fahrzeugfront. (30)

Fernsehzuschauern der Reihe „Tiere vor der Kamera“ wird dieser Unimog bekannt vorkommen. Er ist im Besitz der Tierfilmer Arendt und Schweiger und dient als Wohn- und Arbeitsplatz bei den ausgedehnten Dreharbeiten weltweit. Als Basisfahrzeug dient ein U1550L aus der Baureihe 437, der mit einem Aufbau der Firma Unicat versehen wurde. (02)

In schwerem Gelände zeigt hier ein Unimog der Baureihe 437 seine Fähigkeiten. Gerade seine Anspruchslosigkeit, leichte Wartungs- und Reparaturmöglichkeiten sowie die unübertroffene Geländegängigkeit lassen den Unimog oft erste Wahl bei Wohnmobilen für Fernreisen werden. (11)

In den USA zu Hause ist dieses Wohnmobil auf Basis der schweren Unimog-Baureihe 437. Das Fahrzeug gehörte ursprünglich zum Fuhrpark des Films „Jurassic Park II“. Nach Abschluß der Dreharbeiten wurde es an einen Privatmann verkauft, der es zum exklusiven Wohnmobil umbaute. Auch wich der dunkelgrüne Filmanstrich einem Farbschema, bestehend aus metallicblau und weiß. (02)

Zu den Superlativen gehören diese beiden Unimog-Wohnmobile auf dem dreiachsigen Fahrgestell des U2450L 6x6 der Baureihe 437. Beide Fahrzeuge wurden von der Firma Unicat aus Hambrücken aufgebaut. Umfangreiche Wasser- und Kraftstoffvorräte sowie hochwertige Technik und Ausstattung ermöglichen lange Reiseetappen. Als Besonderheit verfügt das oben gezeigte Fahrzeug des Typs UL 12 AS über elektrisch angetriebene Seitenauszüge.
Das Fahrzeug auf dem unteren Foto ist ein UM15 DK-HD. Bei diesem Modell läßt sich das Aufbaudach elektrisch anheben, so daß ein separater Schlafraum mit vier Einzelbetten entsteht. Das Foto wurde während einer Reise in Namibia aufgenommen. (11)

... im Zweiwegebereich auf Straße und Schiene

Seit über 30 Jahren werden Unimog der verschiedenen Baureihen für den Einsatz auf Straße und Schiene verwendet. Inzwischen werden diese Fahrzeuge weltweit eingesetzt, über 2500 Stück wurden bisher ausgeliefert. Der Großteil dieser Fahrzeuge wird im Rangier- und Verschiebedienst in weiträumigen Industrieanlagen eingesetzt. Aber auch als Service- und Arbeitsfahrzeug werden Zweiwege-Unimog eingesetzt. Da fast alle An- und Aufbaugeräte verwendet werden können, sind die Einsatzmöglichkeiten sehr vielfältig. Weiterhin werden bei Verkehrsbetrieben, Eisenbahngesellschaften und einigen Feuerwehren Sonderfahrzeuge für bestimmte Aufgaben vorgehalten. (Siehe hierzu auch Seite 63 und Seite 74.)

Den Großteil an Zweiwegefahrzeugen liefern die Firmen Zagro, Zweiweg und Zwiehoff, die alle aus Deutschland stammen. Inzwischen drängen nun auch verstärkt ausländische Firmen auf diesen Markt. Dieser U1600 (Baureihe 427) wurde von der Firma CMAR aus Frankreich aufgebaut. Auffällig die massive Bauart von Front- und Heckplatte, mit Aussparungen für die Anschlüsse der Waggonbremsanlage. Die Luftkessel hierfür befinden sich auf der Pritsche. (30)

Bei einer Schrottgroßhandlung im Stuttgarter Hafen ist dieser U900 der Baureihe 406 im Dienst. Seine Hauptaufgabe besteht im Rangieren von Eisenbahnwaggons zu den Verladeeinrichtungen. Das Foto läßt ahnen, welche Belastungen insbesondere die Reifen auszuhalten haben. (30)

Als Mehrzweckfahrzeug dient dieser U1100 (Baureihe 416) einer Schrotthandlung im oberbayerischen Traunstein. Das Fahrzeug ist mit einer Mulag-Panoramakabine ausgerüstet und verfügt über eine Waggonbremsanlage. Neben Rangierarbeiten dient es mit angebauter Kehrmaschine auch zur Reinigung des Betriebsgeländes. (30)

Auf dieser und den beiden folgenden Seiten sehen wir Fahrzeuge aus dem Fuhrpark der STIB/Brüssel. Dieses Unternehmen betreibt den öffentlichen Nahverkehr in der belgischen Hauptstadt und setzt für verschiedene Aufgaben diverse Unimog mit Zweiwegeausrüstung ein.

Die beiden ersten Fotos zeigen einen U1650 (Baureihe 427), der mit einem Hiab-Ladekran sowie einer Sprühanlage ausgerüstet ist. Die Tanks befinden sich auf der Pritsche und an der Frontseite. Eingesetzt wird das Fahrzeug unter anderem zu Reinigungsarbeiten und zur Unkrautbekämpfung auf dem Fahrweg. Interessant die Schienenführungsrollen, die sich jeweils vor und hinter den Rädern befinden, sowie die hohen Pritschenbordwände. (30)

Zwei Rüstfahrzeuge der STIB zeigen die Fotos dieser Seite. Eingesetzt werden sie bei technischen Pannen und Unfällen, wo es nötig sein kann, Schienenfahrzeuge wieder einzugleisen.
Das obere Fahrzeug ist ein U1100 der Baureihe 416. Gut zu erkennen das Hydraulikaggregat auf der vorderen Stoßstange, mit dem hydraulische Hebewerkzeuge angetrieben werden können. Zwischen Fahrerhaus und Pritsche ist eine Seilwinde montiert. Umfangreiches Werkzeug und Rüstmaterial wird auf der Pritsche mitgeführt.
Das Fahrzeug unten basiert auf einem Unimog der mittleren Baureihe 427. Es wurde mit einer zusätzlichen Nachlaufachse ausgerüstet. Auch ist ein Hydraulikaggregat an der Frontseite angebracht. Auffällig auch die großzügige Ausstattung mit Arbeitsscheinwerfern, Kennleuchten und Frontblitzern. (30)

Zwei Mehrzweckfahrzeuge zeigen die Fotos dieser Seite. Bei beiden handelt es sich um Unimog der mittleren Baureihe 427. Das obere Foto zeigt einen U1200, das untere einen U1650. Bemerkenswert auch die Unterschiede in der Lackierung und Beschriftung. Eingesetzt werden diese Fahrzeuge unter anderem für Zug- und Rangierarbeiten sowie zum Abschleppen defekter Straßenbahnen aufgrund technischer Pannen oder Unfälle.

Im Vergleich wird der um 600 mm größere Radstand des unteren Fahrzeugs deutlich. Im Bild ist gerade ein Triebwagen aus der neuesten Straßenbahngeneration Brüssels angehängt.
Beide Fahrzeuge wurden wiederum mit zahlreichen Warnleuchten und Scheinwerfern versehen. Durch die optische Gestaltung mit Rot/Weiß schraffierten Flächen ergibt sich ein auffallendes Äußeres. (30)

Im weltweiten Einsatz sind auch diverse Meßfahrzeuge auf Zweiwege-Unimog. Mit ihnen wird unter anderem die Abnützung von Schienen und Oberleitungen gemessen. Hier ein Fahrzeug der Landeseisenbahn V-Line aus Victoria in Australien. Im Kofferaufbau sind Computermeßgeräte für den Schienenzustand untergebracht. Das Fahrzeug gehört zur schweren Unimog-Baureihe 435. Hervorzuheben ist der Frontschutzbügel mit integrierter Reserveradhalterung. (31)

Bei einem auf Gleisbau spezialisierten Bauunternehmen in Crailsheim wird dieser U1400 der Baureihe 427 eingesetzt. Das Fahrzeug ist mit einer Waggonbremsanlage und einem Palfinger-Ladekran ausgerüstet. Gut zu erkennen ist die Kuppelstange für Waggons, die in einer Lagerung über der vorderen Stoßstange aufbewahrt wird. (30)

Dieses dreiachsige Zweiwegefahrzeug basiert auf einem U1600 der Baureihe 427. Das Fahrzeug wurde mit einer zusätzlichen Nachlaufachse ausgerüstet, wobei sich die hintere Schienenführung zwischen den Rädern befindet. Am Heck des Fahrzeuges ist ein schwerer Palfinger-Ladekran angebaut, für den auf der Pritsche ein Arbeitskorb mitgeführt wird. Die Luftkessel der Waggonbremsanlage befinden sich auf dem Fahrerhausdach. (30)

Aufgrund der größeren Spurweite sind die üblichen Schienenführungssätze für die schweren Unimog ab dem U2100 nicht mehr verwendbar. Bei diesen Fahrzeugen greift man auf den Reibradantrieb zurück, bei denen die Räder die Schienenradsätze antreiben. Das Foto zeigt einen U2150L (Baureihe 437) mit dieser Technik. Das Fahrzeug verfügt weiterhin über einen Hiab-Ladekran hinter dem Fahrerhaus. (30)

Turmwagen und Gelenksteiger auf Zweiwegefahrzeugen dienen in erster Linie der Wartung und Reparatur von Fahrleitungen und Signaleinrichtungen. Nachfolgend drei Fahrzeuge die auch hier die Variantenvielfalt des Unimog aufzeigen.

Einen Turmwagen auf U900 (Baureihe 406) zeigt dieses Bild. Das Fahrzeug verfügt über kleine Rollenspurhalter, wie sie bei engen Gleisradien zum Einsatz kommen. (30)

In Japan wird dieser Unimog der Baureihe 427 eingesetzt. Das Fahrzeug ist mit einer Kübler-Hubarbeitsbühne ausgerüstet. Der installierte Stromabnehmer dient zur Erdung der Fahrleitung bei Reparaturen. Am Fahrzeugheck ist ein Fahrstand installiert, so daß dieses Fahrzeug in beide Richtungen fahren kann, ohne daß ein Umsetzen nötig ist. (02)

Dieser U1250 gehört zum Fuhrpark der Stuttgarter Straßenbahnen AG (SSB). Ausgerüstet ist er mit einem Gelenksteiger der Firma Ruthmann. Gut zu erkennen die zusätzlichen Beleuchtungseinrichtungen sowie die kleine Rangierkupplung an der Stoßstange. (30)

Die beiden Fotos auf dieser Seite zeigen einen U1450L aus der Baureihe 427. Dieses Fahrzeug wird bei einer Eisenbahngesellschaft in Japan eingesetzt. Es verfügt über eine Meßeinrichtung für Fahrleitungen, deren Herzstück ein ausfahrbarer Stromabnehmer ist. Im Schienenbetrieb erfolgt der Antrieb durch Reibrollensätze hinter den Achsen. Eine Aushebevorrichtung ermöglicht das Drehen des Fahrzeugs auf der Stelle. (02)

Bei Eisenbahngesellschaften auf der ganzen Welt sind Zweiwege-Unimog als Werkstatt- und Hilfsfahrzeuge im Einsatz. Sie dienen sowohl bei Wartungs- und Reparaturarbeiten, als auch bei Unfällen als schnelle Einsatzfahrzeuge. Aufgrund ihrer Bauart können sie die Einsatzstelle wahlweise über die Straße oder den Schienenweg erreichen. Das Foto zeigt einen U1350L aus der Baureihe 437, im Einsatz bei den Spanischen Staatsbahnen (RENFE). (02)

Dieser U1450 aus der Baureihe 427 ist als Reparaturfahrzeug für den Gleisbereich ausgerüstet. Hierfür verfügt das Fahrzeug, neben umfangreichem Material, über einen Stromerzeuger, der die für Schweißungen nötigen hohen Stromstärken erzeugt. Der abnehmbare Aufbau entspricht einem 10-ft.-Container und kann auch ohne Trägerfahrzeug betrieben werden, so daß der Unimog auch für weitere Arbeiten verwendet werden kann. (31)

...Exoten auf Unimog-Basis

Trotz der schon sehr umfangreichen Liste von Basisversionen finden sich auch immer wieder Exoten und Umbauten, bei denen Baugruppen des Unimog verwendet werden. Hinzu kommen Versuchsfahrzeuge und Prototypen, die sich zum Teil deutlich von späteren Serienversionen unterscheiden. Auch ist es besonders in Afrika und Asien üblich, daß vorhandene Fahrzeuge mit den zur Verfügung stehenden Mitteln einsatzbereit gehalten werden, was zum Teil recht abenteuerliche Fahrzeuge ergibt. Leider sind zu diesem Komplex nicht alle Informationen verfügbar, aber die folgenden Fotos sprechen für sich.

Bild oben: Als Basis für dieses Kettenfahrzeug dient ein U34 der Baureihe 411. Als Besonderheit sind die Fahrzeugachsen weiterhin bereift, ebenfalls eine zusätzliche Mittelachse. (02)

Bild Mitte: Ende der sechziger Jahre entwickelte die Firma Tractortechnik die Unitrac-Reihe mit den Typen UT45 und UT90. Hierfür wurden mehrere Baugruppen wie Motor, Getriebe und Fahrerhaus aus dem Mercedes-Benz-Programm übernommen. Gedacht für den extremen Einsatz, wo Radfahrzeuge nicht mehr einsetzbar sind, waren fast alle Anbaugeräte des Unimog ebenfalls verwendbar. Unter anderem wurden diese Fahrzeuge beim hochalpinen Seilbahnbau verwendet. (02)

Bild unten: Erst auf den zweiten Blick ist dieses Versuchsfahrzeug als Unimog erkennbar. Es dürfte sich um ein Fahrzeug der Baureihe 416 handeln, das mit einem Fahrerhaus der LP-Lastwagenreihe versehen wurde. (02)

Diesem Umbau konnte man 1996 in Oberbayern nahe der Gemeinde Bergen begegnen. Ein findiger Bastler kürzte einen Unimog der Baureihe 411 eigenhändig zum Triebkopf, an den ein handelsüblicher Ladewagen angebaut wurde. Frontseitig ist ein Balkenmähwerk angebracht, so daß eine selbstfahrende Grünfutter-Erntemaschine entstand. (30)

In den siebziger Jahren entstand bei der Firma Werner eine Reihe von Uniknick-Forstmaschinen. Hierfür wurden Achsen, Motor, Getriebe, Fahrerhaus und andere Teile der Baureihe 421 verwendet. Das knickgelenkte Fahrzeug diente als Rückeschlepper in der Forstwirtschaft und war äußerst robust und wendig, so daß noch heute einige Fahrzeuge im Einsatz sind. (31)

Gegenüberliegende Seite: Luftbild des Werkes Gaggenau der DaimlerChrysler AG. (02)

Ebenfalls im Hause Werner entstand dieser Prototyp einer Reihendurchforstungsmaschine. Das Fahrzeug basiert auf der Baureihe 416. Frontseitig ist ein Fällaggregat angebracht, zur Weiterbearbeitung und Transport wird der gefällte Baum waagerecht auf das Fahrzeug gelegt. Prägnant auch die Gestaltung des Fahrerhauses, das auf einem offenen Serienfahrerhaus basiert. (12)

Das Werk Gaggenau

Am Fuß des Nordschwarzwaldes, unweit von Baden-Baden, liegt das Werk Gaggenau der DaimlerChrysler AG. Das Werk war ursprünglich aus den 1894 gegründeten „Bergmanns Industriewerken Gaggenau" hervorgegangen. Bereits dieses Unternehmen fertigte unter anderem Fahrzeuge, daraus entstand 1905 als selbständiges Unternehmen die „Süddeutsche Automobilfabrik GmbH" (SAF). Bereits 1907 übernahm die Firma „Benz & Cie" aus Mannheim die SAF, insbesondere um ihr Programm an Nutzfahrzeugen zu erweitern. Es war naheliegend, daß nun die gesamte Nutzfahrzeugproduktion in Gaggenau konzentriert wurde. Dies blieb auch nach der Fusion von Daimler und Benz im Jahr 1926 so.
In den Jahren bis zum Zweiten Weltkrieg wuchsen Fertigung und Belegschaft kontinuierlich. Im Herbst 1944 wurde das Werk durch Luftangriffe schwer beschädigt, und im April 1945 mußte jegliche Produktion eingestellt werden. Aber schon im August 1945 konnte ein bescheidener Anfang gemacht werden. Mit der Übernahme des Unimog durch Daimler-Benz wurde Gaggenau ab 1951 Heimat der Unimog-Produktion.
Daneben wurden bis zur Inbetriebnahme des Werkes in Wörth auch schwere Lkw verschiedener Baureihen montiert. Im Produktionsverbund der DaimlerChrysler AG ist Gaggenau mit dem dazugehörigen Werksteil in Rastatt das zentrale Nutzfahrzeug-Getriebewerk. Jährlich werden ca. 250 000 Schaltgetriebe für verschiedene Baureihen produziert. Auch die schwere Außenplanetenachse entsteht hier. Weiterhin sind noch andere Abteilungen des Konzerns hier beheimatet, so unter anderem ein Teil des Nutzfahrzeugversuches.
Als bedeutender Arbeitgeber und Ausbildungsstelle für die verschiedensten Berufe ist das Werk heute ein großer Wirtschaftsfaktor für das Umland, außerdem ein wichtiger Standort für den inzwischen weltumspannenden Produktionsverbund der DaimlerChrysler AG.

Seit der Übernahme des Unimog durch Daimler-Benz kommen fast alle Unimog aus dem Werk Gaggenau. Hiervon ausgenommen sind nur die in Lizenz im Ausland gefertigten Modelle, bei denen aber oft Gaggenauer Baugruppen Verwendung finden.
Abgebildet ist eine Fertigungsstraße in den fünfziger Jahren. Zum Zeitpunkt der Aufnahme befinden sich Fahrgestelle der Baureihen 404 und 411 auf dem Band. (02)

In der Nähe des Werkes Gaggenau befinden sich die beiden Gelände des Sauberges und der Kiesgrube Ötigheim. Diese werden für Erprobungen und Vorführungen genutzt. Die Geländeverhältnisse und künstliche Hindernisse erlauben das Erproben und Aufzeigen der Unimog-Möglichkeiten bis in den Grenzbereich. Er fährt durch zwei Meter tiefe Flüsse, turnt über 50 Zentimeter hohe Felsbrocken und kraxelt Steigungen von 110 % hinauf. Leider geben Fotos nur einen kleinen Eindruck wieder, was hierbei möglich ist und derzeit von keinem anderen Fahrzeug erreicht werden kann.

Rechts oben: Ein Fahrzeug der Baureihe 437 beim Befahren eines Hanges, der ausgeprägte Spurrillen und Querneigungen aufweist. (25)

Dasselbe Fahrzeug mit einem Rad auf einem hohen Betonhindernis. Gezeigt wird der verwindungsweiche Rahmen, bei dem die übrigen Räder weiterhin Bodenkontakt haben und Fahrerhaus und Pritsche in der Ursprungslage bleiben. (25)

Ein Unimog der Baureihe 427 auf einer Treppe mit 45° Steigung, dies entspricht 100 %. Diese kann sowohl in Vorwärts- als auch in Rückwärtsfahrt leicht bewältigt werden. (30)

Gut zu erkennen, daß auch beim Befahren von 110 % (47°) die Frontstoßstange nicht aufsetzt. Dies wird durch kurze Fahrzeugüberhänge und die dadurch möglichen Böschungswinkel des Unimog erreicht. (30)

Durch versetzte, fast 70 Zentimeter hohe Hindernisse werden die Achsen maximal verschränkt, auch hierbei bleiben Fahrerhaus und Pritsche in Ausgangslage. (30)

Bedingt durch die Portalachsen und die Lage von Motor- und Getriebeeinheit, besitzt der Unimog eine hohe „Bauchfreiheit", was hier eindrucksvoll demonstriert wird. Das Fahrzeug ist ein TroLF 750/MS 600 mit Total-Aufbau auf einem U1300L der Baureihe 435. (30)

Technik- und Tabellenteil

Baureihen-Verkaufsbezeichnungen – Baumuster – Technische Daten – Technische Zeichnungen – Bereifungsliste

Alle nachfolgenden Daten wurden mit großer Sorgfalt auf der Basis von Mercedes-Benz-Werksangaben erstellt. Leider waren nicht alle Daten zugänglich, auch sind zum selben Typ mitunter verschiedene Daten im Umlauf. Alle angegebenen Maße sind nur ca.-Werte, da sich diese aufgrund von Sonderausstattungen ändern können.
Der Abdruck der Zeichnungen erfolgt mit freundlicher Genehmigung der DaimlerChrysler AG.

Baureihe	Hersteller	Umfaßt folgende Fahrzeuge entsprechend Verkaufsbezeichnung
70200	Boehringer	Unimog, U25
2010	Mercedes-Benz	Unimog, U25
401	Mercedes-Benz	Unimog, U25
402	Mercedes-Benz	Unimog, U25
403	Mercedes-Benz	U54/403,U66/403,U72/403,U800
404	Mercedes-Benz	Unimog S, U404.1, U404.0, U60/404, U80/404, U82/404, U91/404, U110/404, UL820B, UL1100B
405	Mercedes-Benz	Unimog SH, Unimog T
406	Mercedes-Benz	U65/406, U70/406, U80/406, U84/406, U100/406, U65T, U70T, U80T, U900
407	Mercedes-Benz	U600, U650, U650L
408	Mercedes-Benz	U90, U90 turbo, U100L, U100L turbo
409	Mercedes-Benz	UX100M, UX100H
411	Mercedes-Benz	U25/411, U30/411, U32/411, U34/411
413	Mercedes-Benz	U72/413, U80/413, U800L
416	Mercedes-Benz	U80/416, U90/416, U100/416, U110/416, U125/416, U1100, U1100L, U1100T, U80T, U90T, U100T, U110T
417	Mercedes-Benz	U800, U900, U1100T, U1150, U1150L
418	Mercedes-Benz	U110, U130, U140, U140L, U140T
419	Mercedes-Benz	Freightliner Military Tractor
421	Mercedes-Benz	U40/421, U45/421, U52/421, U60/421, U40T, U45T, U55T, U60T, U600, U600L, U600T
424	Mercedes-Benz	U1000, U1000T, U1200, U1200T, U1250, U1250L, U1550, U1550L
425	Mercedes-Benz	U125/425, U150/425, U1300, U1500, U1500T
426	Mercedes-Benz	Lizenzfertigung Argentinien – Basis U416
427	Mercedes-Benz	U1000, U1200, U1200T, U1250, U1250L, U1400, U1450, U1450L, U1600, U1650, U1650L
431	Mercedes-Benz	Lizenzfertigung Argentinien – Basis U421
435	Mercedes-Benz	U1300L, U1700, U1700L
436	Mercedes-Benz	Lizenzfertigung Türkei – Basis U435
437	Mercedes-Benz	U1350L, U1550L, U1700, U1700T, U1750, U1750L, U1800, U1800T, U1850, U2100, U2100T, U2150, U2150L, U2400, U2400TG, U2450, U2450L, U2450L 6×6

Fahrgestellbaumuster 401

Baumuster	Verkaufsbezeichnung	Radstand
401.101	Unimog, U25	1720 mm
401.102	Unimog, U25	1720 mm
401.103	Unimog, U25	1720 mm
401.104	Unimog, U25	1720 mm
401.105	Unimog, U25	1720 mm

Fahrgestellbaumuster 402

Baumuster	Verkaufsbezeichnung	Radstand
402.101	Unimog, U25	2120 mm
402.102	Unimog, U25	2120 mm
402.103	Unimog, U25	2120 mm
402.104	Unimog, U25	2120 mm
402.105	Unimog, U25	2120 mm

Fahrgestellbaumuster 403

Baumuster	Verkaufsbezeichnung	Radstand
403.120	U54	2380 mm
403.121	U54	2380 mm
403.122	U66, U72, U800	2380 mm
403.123	U54, U72, U800	2380 mm

Fahrgestellbaumuster 404

Baumuster	Verkaufsbezeichnung	Radstand
404.010	U82, UL820B	2900 mm
404.011	U82, UL820B	2900 mm
404.012	U110, UL1100B	2900 mm
404.013	U110, UL1100B	2900 mm
404.111	U80	2700 mm
404.112		

Fahrgestellbaumuster 404		
404.113	U404, Unimog S	2900 mm
404.114	U404, Unimog S	2900 mm
404.115	U404, Unimog S	2900 mm
404.117	U404, Unimog S	2900 mm

Fahrgestellbaumuster 405		
Baumuster	Verkaufsbezeichnung	Radstand
unbekannt	Unimog SH, Unimog T	2380 mm

Fahrgestellbaumuster 406		
Baumuster	Verkaufsbezeichnung	Radstand
406.120	U65, U70, U80, U84, U900	2380 mm
406.121	U65, U70, U80, U84, U900	2380 mm
406.130	U65T, U70T	Triebkopf
406.131	U65T	Triebkopf
406.133	U80T	Triebkopf
406.141		
406.142	U900	2380 mm
406.143	U900	2380 mm
406.145	U900	2380 mm
406.320	U406	2380 mm
406.170	Teilesatz für Firma Vögele	
406.171	Teilesatz für Firma Vögele	

Fahrgestellbaumuster 407		
Baumuster	Verkaufsbezeichnung	Radstand
407.100	U600	2250 mm
407.110	U650	2605 mm
407.111	U650L	2605 mm
407.200	U600	2250 mm
407.210	U650	2605 mm
407.211	U650L	2605 mm

Fahrgestellbaumuster 408		
Baumuster	Verkaufsbezeichnung	Radstand
408.100	U90	2690 mm
408.101	U90 turbo	2690 mm
408.215	U100L	3220 mm
408.216	U100L turbo	3220 mm

Fahrgestellbaumuster 409		
Baumuster	Verkaufsbezeichnung	Radstand
409.100	UX100H	2150 mm
409.101	UX100M	2650 mm

Fahrgestellbaumuster 411		
Baumuster	Verkaufsbezeichnung	Radstand
411.110	U32	1720 mm
411.111	U30	1720 mm
411.112	U32	2120 mm
411.113	U30	2120 mm
411.114	U36	2570 mm
411.115	Exportfahrzeug für Portugal	
411.116	U25	1720 mm
411.117	U32	2120 mm
411.118	U34	1720 mm
411.119	U34	2120 mm
411.120	U34	2120 mm

Fahrgestellbaumuster 413		
Baumuster	Verkaufsbezeichnung	Radstand
413.110	U72, U80, U800L	2900 mm
413.111	U72, U80, U800L	2900 mm

Fahrgestellbaumuster 416		
Baumuster	Verkaufsbezeichnung	Radstand
416.114	U100, U1100L	2900 mm
416.115	U100, U1100L	2900 mm
416.116	U100, U1100L	3400 mm
416.117	U100, U1100L	3400 mm
416.122	U80, U90	2900 mm
416.123	U80, U90	2900 mm
416.124	U80, U90	2900 mm
416.125	U80, U90	2900 mm
416.126	U80, U90	2900 mm
416.127	U80, U90	2900 mm
416.130	U80T, U90T	Triebkopf
416.133	U80T, U90T	Triebkopf
416.134	U100T, U110T, U1100T	Triebkopf
416.135	U100T, U110T, U1100T	Triebkopf
416.140	U100, U110, U1100	2900 mm
416.141	U100, U110, U1100	2900 mm
416.160	Fahrgestell für UR 416	2900 mm
416.162	U125, U1100L	2900 mm
416.163	U125, U1100L	2900 mm
416.310	U90	
416.170	Teilesatz für Firma Tractortechnik	

Fahrgestellbaumuster 417		
Baumuster	Verkaufsbezeichnung	Radstand
417.000	U1100T	Triebkopf
417.100	U800	2380 mm
417.101	U900	2389 mm
417.106	U900	2380 mm
417.110	U1150	2900 mm
417.111	U1150L	2900 mm
417.115	U1150	2900 mm
417.116	U1150L	2900 mm
417.120	U1150L	3400 mm
417.200	U800	2380 mm
417.201	U900	2380 mm
417.210	U1150	2900 mm
417.211	U1150L	2900 mm
417.212	U1150L	2900 mm
417.220	U1150L	3400 mm

Fahrgestellbaumuster 418		
Baumuster	Verkaufsbezeichnung	Radstand
418.000	U130T, U140T	Triebkopf
418.100	U110	2830 mm
418.102	U130, U140	2830 mm
418.117	U140L	3470 mm
418.217	U140L	
418.237	U140L	3900 mm

Fahrgestellbaumuster 419		
Baumuster	Verkaufsbezeichnung	Radstand
419.101	U900 SEE	2380 mm
419.102	U900	2380 mm
419.103	U900 HMMH	2380 mm
419.104	U900	2380 mm

Fahrgestellbaumuster 421

Baumuster	Verkaufsbezeichnung	Radstand
421.120		
421.122	U40, U45	2250 mm
421.123	U40, U45	2250 mm
421.124	U52, U600	2250 mm
421.125	U52, U600	2250 mm
421.126	U600	
421.128	U60, U600L	2605 mm
421.129	U60, U600L	2605 mm
421.130	U40T, U55T	Triebkopf
421.131	U40T, U55T	Triebkopf
421.132	U60T, U600T	Triebkopf
421.133	U60T, U600T	Triebkopf
421.140	U52, U600	2250 mm
421.141	U52, U600	2250 mm
421.162	U60	2250 mm
421.163	U60	2250 mm
421.310	U421	2250 mm
421.172	Teilesatz für Firma Trenkle für Tremo	

Fahrgestellbaumuster 424

Baumuster	Verkaufsbezeichnung	Radstand
424.121	U1000	2630 mm
424.122	U1200	2650 mm
424.126	U1250, U1550	3250 mm
424.127	U1250L, U1550L	3250 mm
424.131	U1000T	Triebkopf
424.132	U1200T	Triebkopf

Fahrgestellbaumuster 425

Baumuster	Verkaufsbezeichnung	Radstand
425.121	U1300	2810 mm
425.131	U1500T	Triebkopf
425.141	U1500	2810 mm

Fahrgestellbaumuster 426

Baumuster	Verkaufsbezeichnung	Radstand
426.124	U426	2900 mm
426.125	U426	2900 mm

Fahrgestellbaumuster 427

Baumuster	Verkaufsbezeichnung	Radstand
427.000	U1200T, U1400T	Triebkopf
427.100	U1000	2650 mm
427.101	U1200	2650 mm
427.102	U1400	2650 mm
427.105	U1600	2650 mm
427.107	U1600	2650 mm
427.110	U1250	3250 mm
427.111	U1250L, U1450L	3250 mm
427.112	U1450	3250 mm
427.115	U1650	3250 mm
427.116	U1650L	3250 mm
427.117	U1650	3250 mm
427.118	U1650L	3250 mm

Fahrgestellbaumuster 431

Baumuster	Verkaufsbezeichnung	Radstand
431.210	U421	
431.211	U421	

Fahrgestellbaumuster 435

Baumuster	Verkaufsbezeichnung	Radstand
435.110	U1700	3250 mm
435.111	U1700L	3250 mm
435.113	U1700L	3850 mm
435.115	U1300L	3250 mm
435.117	U1300L	3700 mm
435.160	Teilesatz für Thyssen Modell TM 170	3250 mm
435.161	Teilesatz für Thyssen Modell TM 215	
435.170	Teilesatz für Thyssen Modell TM 170	

Fahrgestellbaumuster 436

Baumuster	Verkaufsbezeichnung	Radstand
436.320	U1300L	3250 mm
436.321	U1300L	3250 mm
436.325	U1300L	3250 mm
436.326	U1300L	3250 mm
436.341	U1700L	3850 mm

Fahrgestellbaumuster 437

Baumuster	Verkaufsbezeichnung	Radstand
437.000	U1700T	Triebkopf
437.002	U1700T, U1800T, U2100T	Triebkopf
437.100	U1700	2810 mm
437.102	U1700, U1800	2810 mm
437.105	U2100, U2400	2810 mm
437.110	U1350L	3250 mm
437.111	U1550L	3250 mm
437.112	U1750	3250 mm
437.113	U1750L	3250 mm
437.114	U1750, U1850	3250 mm
437.115	U1750L, U1850L	3250 mm
437.116	U1550L	3250 mm
437.117	U2150, U2450	3250 mm
437.118	U2150L, U2450L	3250 mm
437.120	U1550L	3700 mm
437.123	U1550L	3850 mm
437.125	U1550L	3700 mm
437.130	U1750	3850 mm
437.131	U1750L	3850 mm
437.132	U1750	3850 mm
437.133	U1750L, U1850L	3850 mm
437.135	U2150, U2450	3850 mm
437.136	U2150L, U2450L	3850 mm
437.141	U1550L	4500 mm
437.156	U2450L 6x6	3900/ 1400 mm
437.182	U2400TG	4100 mm

Technische Daten – Unimog							
Verkaufsbezeichnung Gültig für BM:	**Boehringer 70200**	**Unimog 2010**	**Unimog 401.101**	**Unimog 402.101**	**U800 403.122**	**Unimog S 404.012**	**Unimog S 404.114**
Motortyp:	OM 636	OM 636	OM 636	OM 636	OM 314	M 130	M 180
Zylinder:	4	4	4	4	4	6	6
Leistung (PS/kW):	25/18	25/18	25/18	25/18	75/55	110/81	82/60
Hubraum (ccm):	1697	1767	1767	1767	3780	2748	2195
Länge(mm):	3520	3520	3520	3850	4100	5100	4925
Breite (mm):	1630	1630	1630	1835	2040	2120	2140
Höhe (mm):	2020	2020	2065	2140	2340	2300	2540
Radstand (mm):	1720	1720	1720	2120	2380	2900	2900
Leergewicht (kg):	1775	1560–1825	1780	1795	3200	2900	2600
zul. Gesamtgewicht (kg):	3150	3250	3150	3200	6000	5000	4400
Wendekreis (m):	7,60	7,60	7,60	10,00	10,90	13,00	13,00
Steigfähigkeit (%):	-	–	–	–	70	90	70

Technische Daten – Unimog							
Verkaufsbezeichnung Gültig für BM:	**Unimog T 405.**	**U900 406.120**	**U600 407.100**	**U600 407.200**	**U650 407.110**	**U650 407.210**	**U650L 407.111**
Motortyp:	M180	OM 352/3	OM 616	OM 616	OM 616	OM 616	OM 616
Zylinder:	6	6	4	4	4	4	4
Leistung (PS/kW):	90/66	84/62	60/44	60/44	60/44	60/44	60/44
Hubraum (ccm):	2195	5675	2404	2404	2404	2404	2404
Länge(mm):	Abhängig	4100	4010	4010	4375	4375	4740
Breite (mm):	vom	2040	1895	1895	1895	1895	1895
Höhe (mm):	Aufbau	2340	2450	2450	2450	2450	2450
Radstand (mm):	2380	2380	2250	2250	2605	2605	2605
Leergewicht (kg):	2300 FGST	3300	2730	2730	2820	2820	2360
zul. Gesamtgewicht (kg):	4800	6000	4500–5800	4500	4500–5800	4500	4500–5800
Wendekreis (m):	10, 70	10,90	10.40	10,40	11,50	11,50	11,50
Steigfähigkeit (%):	60	70	70	70	100	100	100

Technische Daten – Unimog							
Verkaufsbezeichnung Gültig für BM:	**U650L 407.211**	**U90 408.100**	**U90 turbo 408.101**	**U100L 408.215**	**U100L turbo 408.216**	**UX100H 409.100**	**UX100M 409.101**
Motortyp:	OM 616	OM 602	OM 602	OM 602	OM 602	OM 602	OM 602
Zylinder:	4	5	5	5	5	5	5
Leistung (PS/kW):	60/44	91/67	122/90	98/72	122/90	122/90	122/90
Hubraum (ccm):	2404	2874	2874	2874	2874	2874	2874
Länge(mm):	4740	4410	4410	4820	4820	4055	4160
Breite (mm):	1895	1910	1910	1912	1912	1600	1600
Höhe (mm):	2450	2485	2485	2515	2515	1990	2015
Radstand (mm):	2605	2690	2690	3220	3220	2150	2600
Leergewicht (kg):	2360	3350	3350	2750	2750	2470	2350
zul. Gesamtgewicht (kg):	4500	4800–6500	4800–6600	5500–6200	5500–6200	3500–4800	3500–4800
Wendekreis (m):	11,50	11,80	11,80	12,80	12,80	10,10	12,00
Steigfähigkeit (%):	100	70	70	70	70	–	–

Technische Daten – Unimog							
Verkaufsbezeichnung Gültig für BM:	**U32 411.111**	**U34 411.112**	**U800L 413.110**	**U1100 416.140**	**U1100L 416.114**	**U1100L 416.116**	**U1100T 416.134**
Motortyp:	OM 636	OM 636	OM 314	OM 352/3	OM 352/3	OM 352/3	OM 352/3
Zylinder:	4	4	4	6	6	6	6
Leistung (PS/kW):	30/22	34/21	75/55	110/81	125/92	110/81	110/81
Hubraum (ccm):	1767	1767	3780	5675	5675	5675	5675
Länge(mm):	3630	3800	4768	4620	4765	5380	2040 FGST
Breite (mm):	1630	1630	2040	2040	2040	2040	2340
Höhe (mm):	2280	2089	2340	2340	2340	2340	Je nach
Radstand (mm):	1720	2120	2900	2900	2900	3400	Aufbau
Leergewicht (kg):	2200	2200	2850	3350	2950	3000	2240
zul. Gesamtgewicht (kg):	3200	3500	6500	6500	6750	6500	Je
Wendekreis (m):	8,60	10,10	12,50	12,50	12,50	14,00	nach
Steigfähigkeit (%):	60	60	90	70	90	90	Aufbau

Technische Daten – Unimog							
Verkaufsbezeichnung	**U800**	**U800**	**U900**	**U900**	**U1100T**	**U1150**	**U1150**
Gültig für BM	**417.100**	**417.200**	**417.101**	**417.201**	**417.000**	**417.110**	**417.210**
Motortyp:	OM 314	OM 314	OM 352/3	OM 352/3	OM 352/3	OM 352/3	OM 352/3
Zylinder:	4	4	6	6	6	6	6
Leistung (PS/kW):	75/55	75/55	84/62	84/62	110/81	110/81	110/81
Hubraum (ccm):	3780	3780	5675	5675	5675	5675	5675
Länge(mm):	4100	4100	4100	4100	2260 FGST	4620	4620
Breite (mm):	2040	2040	2040	2040	2040	2040	2040
Höhe (mm):	2560	2560	2560	2560	2560	2560	2560
Radstand (mm):	2380	2380	2380	2380	-	2900	2900
Leergewicht (kg):	3340	3340	3340	3340	2380 FGST	3490	3490
zul. Gesamtgewicht (kg):	6000–7500	6000	6000–7500	6000	Je	6000–7500	6000
Wendekreis (m):	10,90	10,90	10,90	10,90	nach	12,50	12,50
Steigfähigkeit (%):	70	70	70	70	Aufbau	90	90

Technische Daten – Unimog							
Verkaufsbezeichnung	**U1150L**	**U1150L**	**U1150L**	**U1150L**	**U110**	**U130**	**U140**
Gültig für BM:	**417.111**	**417.211**	**417.120**	**417.220**	**418.100**	**418.102**	**418.102**
Motortyp:	OM 352/3	OM 352/3	OM 352/3	OM 352/3	OM 364A	OM 364 LA	OM 364 LA
Zylinder:	6	6	6	6	4	4	4
Leistung (PS/kW):	110/81	110/81	110/81	110/81	105/77	140/103	140/103
Hubraum (ccm):	5675	5675	5675	5675	3972	3972	3972
Länge(mm):	4765	4765	5380	5380	4550	4550	4550
Breite (mm):	2040	2040	2040	2040	2100	2100	2100
Höhe (mm):	2560	2560	2560	2560	2670	2670	2670
Radstand (mm):	2900	2900	3400	3400	2830	2830	2830
Leergewicht (kg):	3090	3090	3140	3140	4150	4150	4150
zul. Gesamtgewicht (kg):	6000–7500	6000	6500–7500	6000	7500–8500	7500–8500	7500–8500
Wendekreis (m):	12,50	12,50	14,00	14,00	12,00	12,00	12,00
Steigfähigkeit (%):	90	90	90	90	70	70	70

Technische Daten – Unimog							
Verkaufsbezeichnung	**U140L**	**U140T**	**U600**	**U600L**	**U600T**	**U1000**	**U1000T**
Gültig für BM:	**418.117**	**418.000**	**421.140**	**421.128**	**421.132**	**424.121**	**424.131**
Motortyp:	OM 364LA	OM 364LA	OM 616	OM 616	OM 616	OM 352/3	OM 352/3
Zylinder:	4	4	4	4	4	6	6
Leistung (PS/kW):	140/103	140/103	52/38	60/44	60/44	95/70	110/81
Hubraum (ccm):	3972	3972	2404	2404	2404	5675	5675
Länge(mm):	5210	2610	4020	4740	1825	4470	2750
Breite (mm):	2100	2100	1825	1825	2250	2100	2110
Höhe (mm):	2545	2545	2250	2250	Je nach	2620	2610
Radstand (mm):	3470	–	2250	2605	Aufbau	2630	–
Leergewicht (kg):	3390	2800 FGST	2590	2220	1810	4290	2870
zul. Gesamtgewicht (kg):	7500–9000	12,0–13,0 t	4200	4200	Je	7500	Je
Wendekreis (m):	13,85	Je nach	10,30	11,20	nach	12,50	nach
Steigfähigkeit (%):	100	Aufbau	70	90	Aufbau	70	Aufbau

Technische Daten – Unimog							
Verkaufsbezeichnung	**U1200**	**U1200T**	**U1250**	**U1300**	**U1500**	**U1500T**	**U1000**
Gültig für BM:	**424.122**	**424.132**	**424.126**	**425.121**	**425.141**	**425.131**	**427.100**
Motortyp:	OM 352/3	OM 352/3	OM 352/3	OM 352/3	OM 352/3	OM 352/3	OM 366
Zylinder:	6	6	6	6	6	6	6
Leistung (PS/kW):	125/92	125/92	125/92	125/92	150/110	150/110	102/75
Hubraum (ccm):	5675	5675	5675	5675	5675	5675	5958
Länge(mm):	4470	2750	5070	4750	4750	2730	4470
Breite (mm):	2100	2110	2100	2320	2340	2340	2100
Höhe (mm):	2620	2610	2620	2650	2650	2650	2620
Radstand (mm):	2650	–	3250	2810	2810	–	2650
Leergewicht (kg):	4340	2950	4600	5400	5400	3480	4160
zul. Gesamtgewicht (kg):	7500	Je	8000	9000	10600	Je	7500–8500
Wendekreis (m):	12,50	nach	14,10	13,00	13,00	nach	12,00
Steigfähigkeit (%):	70	Aufbau	90	70	70	Aufbau	70

Technische Daten – Unimog							
Verkaufsbezeichnung	**U1200**	**U1200T**	**U1400**	**U1600**	**U1600**	**U1250**	**U1250L**
Gültig für BM:	**427.101**	**427.000**	**427.102**	**427.105**	**427.107**	**427.110**	**427.111**
Motortyp:	OM 366A	OM 366A	OM 366A	OM 366A	OM 366LA	OM 366A	OM 366A
Zylinder:	6	6	6	6	6	6	6
Leistung (PS/kW):	125/92	125/92	136/100	156/115	214/157	125/92	125/92
Hubraum (ccm):	5958	5958	5958	5958	5958	5958	5958
Länge(mm):	4470	2750	4470	4470	4470	5100	5440
Breite (mm):	2100	2100	2100	2170	2170	2100	2100
Höhe (mm):	2620	2620	2620	2655	2755	2620	2620
Radstand (mm):	2650	–	2650	2650	2650	3250	3250
Leergewicht (kg):	4210	2950	4160	4550	4650	4600	3800
zul. Gesamtgewicht (kg):	7500–8500	Je	7500–9000	9,0–10,0 t	9,5–10,7 t	7500–8500	7500–8500
Wendekreis (m):	12,00	nach	12,00	12,50	12,30	14,10	14,10
Steigfähigkeit (%):	70	Aufbau	70	70	70	90	100

Technische Daten – Unimog							
Verkaufsbezeichnung	**U1450**	**U1450L**	**U1650**	**U1650**	**U1650L**	**U1650L**	**U1700**
Gültig für BM:	**427.112**	**427.111**	**427.115**	**427.117**	**427.116**	**427.118**	**435.110**
Motortyp:	OM 366A	OM 366A	OM 366A	OM 366LA	OM 366A	OM 366LA	OM 352/3
Zylinder:	6	6	6	6	6	6	6
Leistung (PS/kW):	136/100	136/100	155/114	214/157	155/114	214/157	168/124
Hubraum (ccm):	5958	5958	5958	5958	5958	5958	5675
Länge(mm):	5100	5400	5100	5100	5400	5400	5210
Breite (mm):	2100	2160	2170	2170	2170	2170	2340
Höhe (mm):	2620	2620	2655	2755	2655	2755	2650
Radstand (mm):	3250	3250	3250	3250	3250	3250	3250
Leergewicht (kg):	4200–4600	3800	5300	5300	4410	4410	5650
zul. Gesamtgewicht (kg):	7500–8500	7500–8500	9,5–10,7 t	9,5–10,7 t	10,0–10,7 t	10,0–10,7 t	10600
Wendekreis (m):	14,10	14,10	14,10	14,10	14,10	14,10	13,80
Steigfähigkeit (%):	100	100	90	90	100	100	90

Technische Daten – Unimog							
Verkaufsbezeichnung	**U1700L**	**U1700L**	**U1300L**	**U1300L**	**U1350L**	**U1550L**	**U1550L**
Gültig für BM:	**435.111**	**435.113**	**435.115**	**435.117**	**437.110**	**437.111**	**437.116**
Motortyp:	OM 352/3	OM 352/3	OM 352/3	OM 352/3	OM 366A	OM 366A	OM 366LA
Zylinder:	6	6	6	6	6	6	6
Leistung (PS/kW):	168/124	168/124	130/96	130/96	136/100	156/115	214/157
Hubraum (ccm):	5675	5675	5675	5675	5958	5958	5958
Länge(mm):	5400	6230	5400	5850	5400	5400	5400
Breite (mm):	2340	2340	2300	2300	2300	2300	2300
Höhe (mm):	2650	2650	2610	2610	2620	2620	2750
Radstand (mm):	3250	3850	3250	3700	3250	3250	3250
Leergewicht (kg):	4780	5040	3830	3990	3830	3830	3900
zul. Gesamtgewicht (kg):	10600	12000	7490	7490	7500–8500	7500–8500	7500–9500
Wendekreis (m):	13,80	15,70	13,80	15,50	13,80	13,80	14,30
Steigfähigkeit (%):	90	90	90	90	100	100	100

Technische Daten – Unimog							
Verkaufsbezeichnung	**U1550L**	**U1550L**	**U1700**	**U1700**	**U1700T**	**U1750**	**U1750**
Gültig für BM:	**437.120**	**437.125**	**437.100**	**437.110**	**437.000**	**437.112**	**437.130**
Motortyp:	OM 366A	OM 366LA	OM 366A	OM 366A	OM 366A	OM 366A	OM 366A
Zylinder:	6	6	6	6	6	6	6
Leistung (PS/kW):	155/114	214/157	170/125	170/125	170/125	170/125	170/125
Hubraum (ccm):	5958	5958	5958	5958	5958	5958	5958
Länge(mm):	5850	5850	4750	4750	2730	5210	6230
Breite (mm):	2300	2300	2340	2340	2340	2340	2340
Höhe (mm):	2650	2750	2650	2650	2650	2650	2650
Radstand (mm):	3700	3700	2810	2810	–	3250	3850
Leergewicht (kg):	4060	4060	5400	5400	3480	5650	4980
zul. Gesamtgewicht (kg):	7500–9500	7500–9500	10,6–12,0 t	10,5–12,0 t	Je	10,6–12,0 t	12500
Wendekreis (m):	15,70	15,70	13,00	13,00	nach	13,80	15,70
Steigfähigkeit (%):	100	100	70	70	Aufbau	90	100

Technische Daten – Unimog							
Verkaufsbezeichnung Gültig für BM:	**U1750L 437.113**	**U1750L 437.131**	**U1800 437.102**	**U1800T 437.002**	**U1850 437.114**	**U1850L 437.115**	**U1850L 437.133**
Motortyp:	OM 366A	OM 366A	OM 366LA	OM 366LA	OM 366LA	OM 366LA	OM 366LA
Zylinder:	6	6	6	6	6	6	6
Leistung (PS/kW):	170/125	170/125	180/132	180/132	180/132	180/132	180/132
Hubraum (ccm):	5958	5958	5958	5958	5958	5958	5958
Länge(mm):	5400	6230	4750	2730	5210	5150	6190
Breite (mm):	2340	2340	2340	2340	2340	2340	2340
Höhe (mm):	2630	2630	2850	2850	2850	2850	2850
Radstand (mm):	3250	3850	2810	–	3250	3250	3850
Leergewicht (kg):	4780	5040	4930	3500	4840	4840	5100
zul. Gesamtgewicht (kg):	10,6–12,0 t	12500	10,6–12,5 t	9,0–16,0 t	10,6–14,0 t	10,6–14,0 t	10,6–14,0 t
Wendekreis (m):	13,80	15,70	13,00	Je nach	14,50	14,50	16,20
Steigfähigkeit (%):	90	90	70	Aufbau	90	90	90

Technische Daten – Unimog							
Verkaufsbezeichnung Gültig für BM:	**U2100 437.105**	**U2100T 437.002**	**U2150 437.117**	**U2150 437.135**	**U2150L 437.118**	**U2150L 437.136**	**U2400 437.105**
Motortyp:	OM 366LA	OM 366LA	OM 366LA	OM 366LA	OM 366LA	OM 366LA	OM 366LA
Zylinder:	6	6	6	6	6	6	6
Leistung (PS/kW):	214/157	214/157	214/157	214/157	214/157	214/157	240/177
Hubraum (ccm):	5958	5958	5958	5958	5958	5958	5958
Länge(mm):	4750	2730	5190	6190	5400	6490	4750
Breite (mm):	2340	2340	2340	2340	2340	2340	2340
Höhe (mm):	2850	2850	2850	2750	2850	2850	2850
Radstand (mm):	2810	–	3250	3850	3250	3850	2810
Leergewicht (kg):	5460	3500	5800	5010	4840	5100	5460
zul. Gesamtgewicht (kg):	10,0–12,5 t	12,0–16,0 t	10,0–14,0 t	12500	10,6–14,0 t	10,6–14,0	10,0–12,5 t
Wendekreis (m):	13,00	Je nach	14,50	15,70	14,50	16,20	13,00
Steigfähigkeit (%):	70	Aufbau	100	100	100	100	70

Technische Daten – Unimog						**Nachtrag Neutypen**	
Verkaufsbezeichnung Gültig für BM:	**U2400TG 437.182**	**U2450 437.117**	**U2450L 437.118**	**U2450L 437.136**	**U2450L 6x6 437.156**		
Motortyp:	OM 366LA	OM 366LA	OM 366LA	OM 366LA	OM 366LA		
Zylinder:	6	6	6	6	6		
Leistung (PS/kW):	240/177	240/177	240/177	240/177	240/177		
Hubraum (ccm):	5958	5958	5958	5958	5958		
Länge(mm):	6410	5190	5400	6490	7242		
Breite (mm):	2340	2340	2340	2340	2343		
Höhe (mm):	2850	2850	2850	2850	2850		
Radstand (mm):	4100	3250	3250	3850	3900/1400		
Leergewicht (kg):	7600	5800	4840	5100	6900		
zul. Gesamtgewicht (kg):	18,0–21,0 t	10,0–14,0 t	10,6–14,0 t	10,6–14,0 t	17000		
Wendekreis (m):	17,80	14,50	14,50	16,20	19,50		
Steigfähigkeit (%):	-	100	100	100	–		

Technische Daten – Unimog Für eigene Nachträge von Neutypen							
Verkaufsbezeichnung Gültig für BM:							
Motortyp:							
Zylinder:							
Leistung (PS/kW):							
Hubraum (ccm):							
Länge(mm):							
Breite (mm):							
Höhe (mm):							
Radstand (mm):							
Leergewicht (kg):							
zul. Gesamtgewicht (kg):							
Wendekreis (m):							
Steigfähigkeit (%):							

U 90 *turbo*

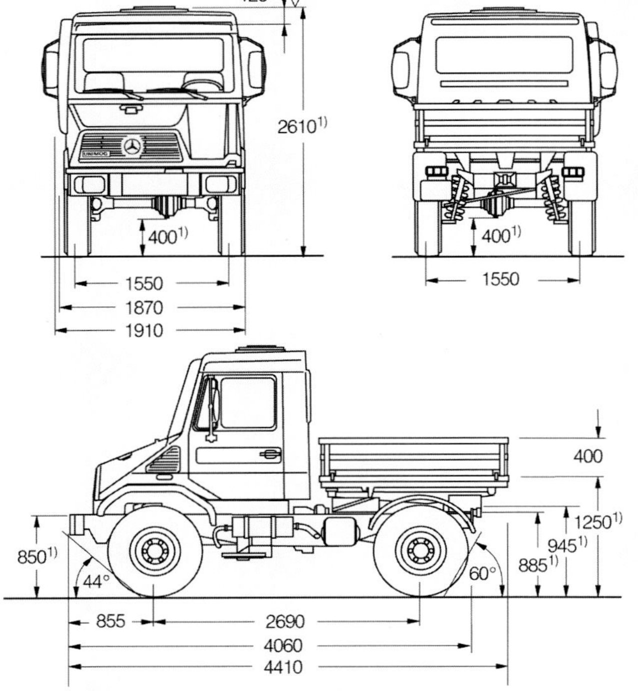

[1] bei Bereifung 10,5R20 unbeladen

U 100 L *turbo*

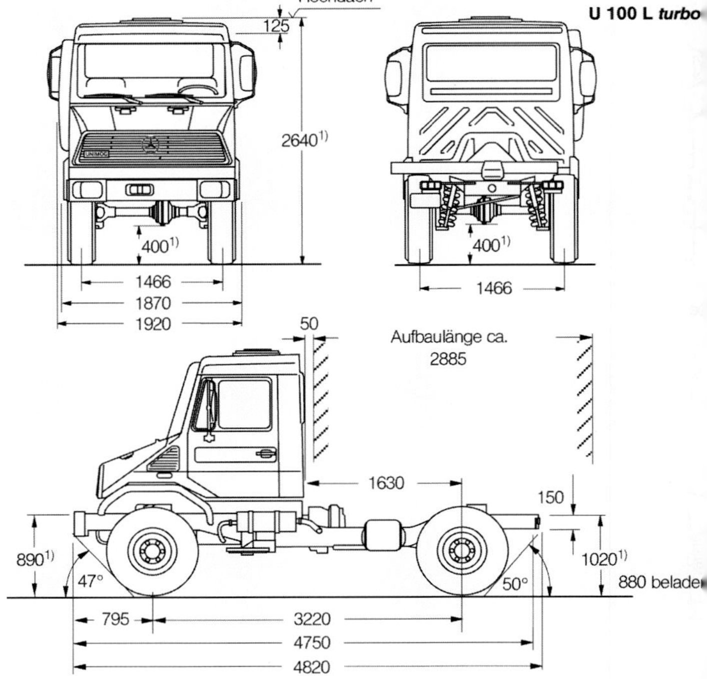

[1] bei Bereifung 10,5R20 unbeladen

U 1400

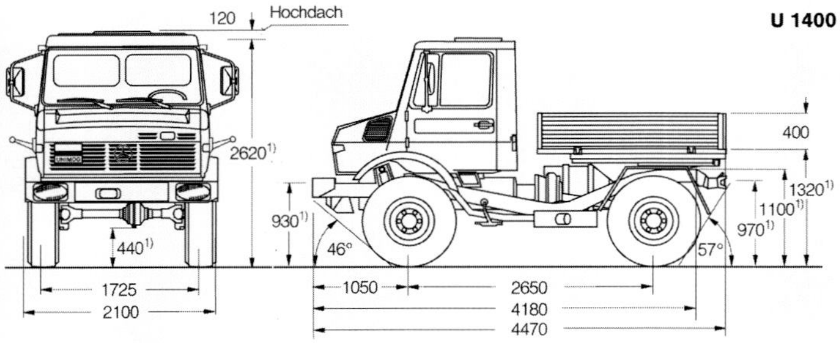

[1] bei Bereifung 12,5R20 unbeladen

U 145

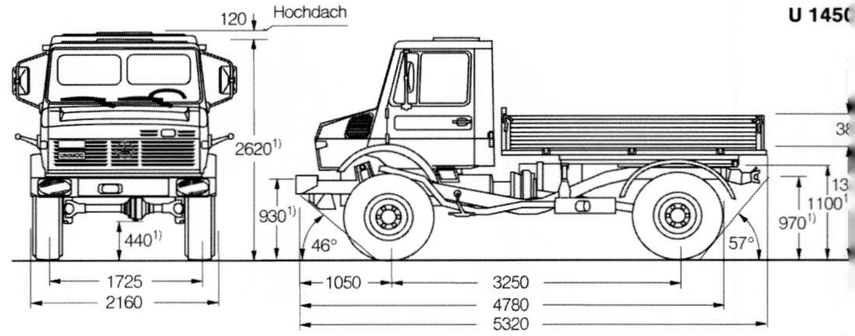

[1] bei Bereifung 12,5R20 unbeladen

U 1450 L

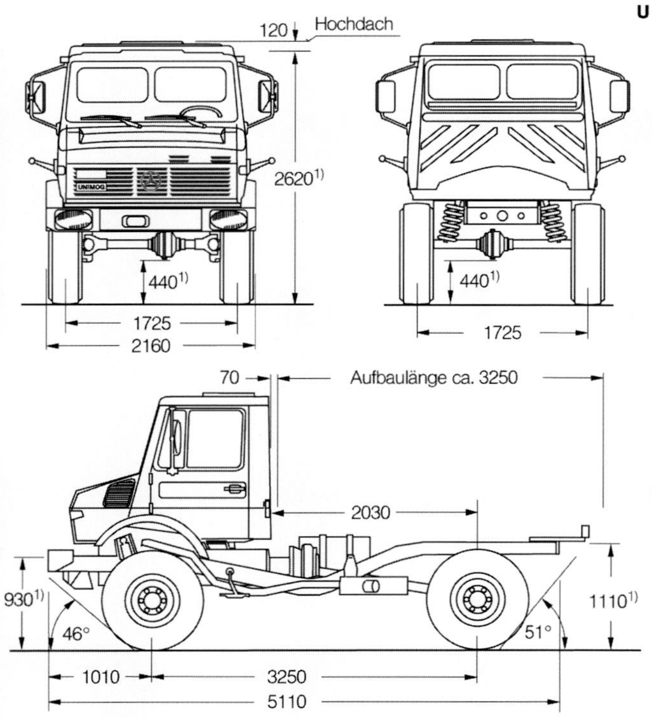

[1] bei Bereifung 12,5-20 unbeladen

U 1550

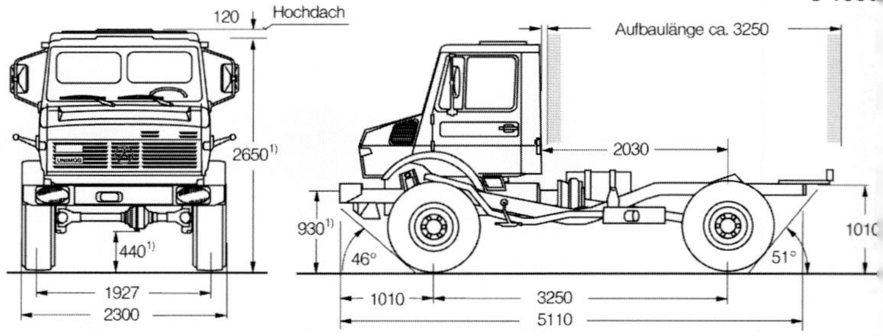

[1] bei Bereifung 12,5-20 unbeladen

U 1550 L/37

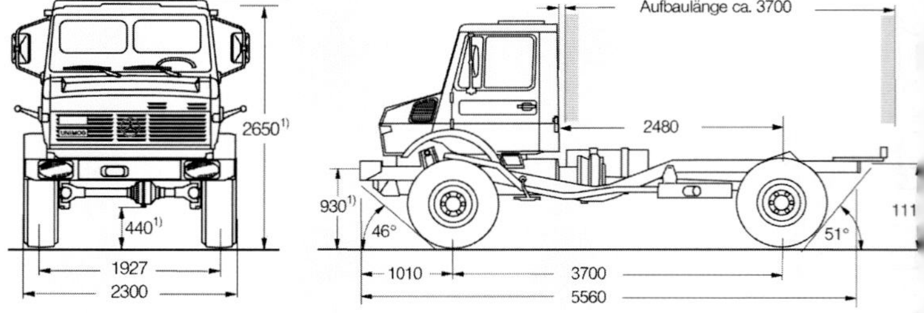

[1] bei Bereifung 12,5-20 unbeladen

U 1600 (214)

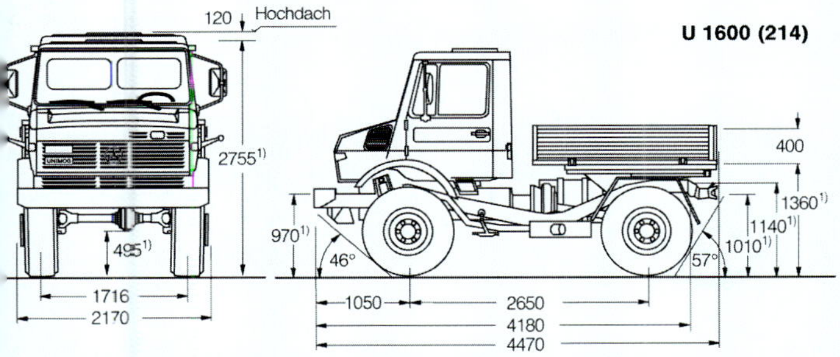

[1] bei Bereifung 12R22,5 unbeladen

U 1650 (214)

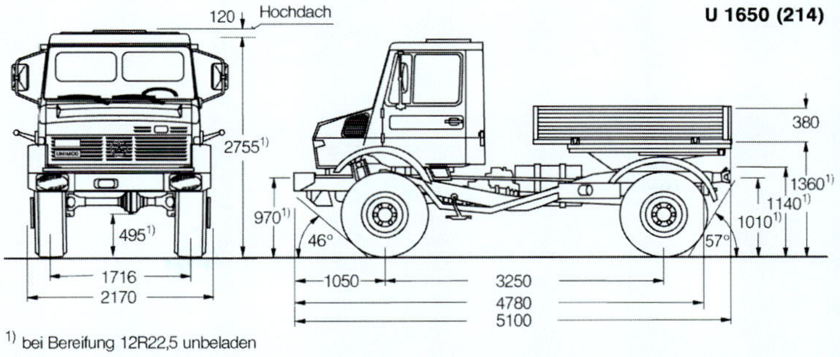

[1] bei Bereifung 12R22,5 unbeladen

U 2100

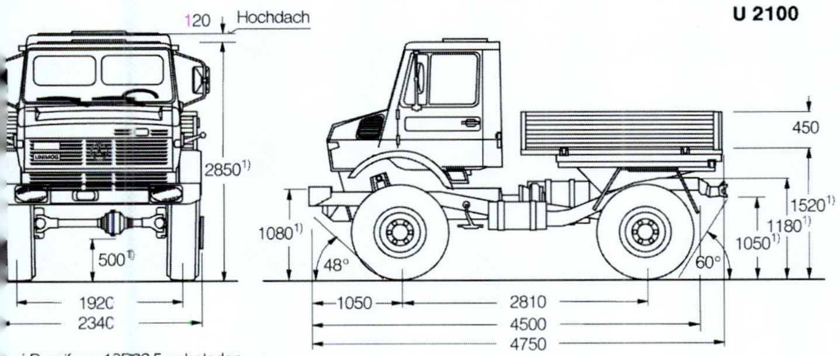

[1] bei Bereifung 13R22,5 unbeladen

U 2150

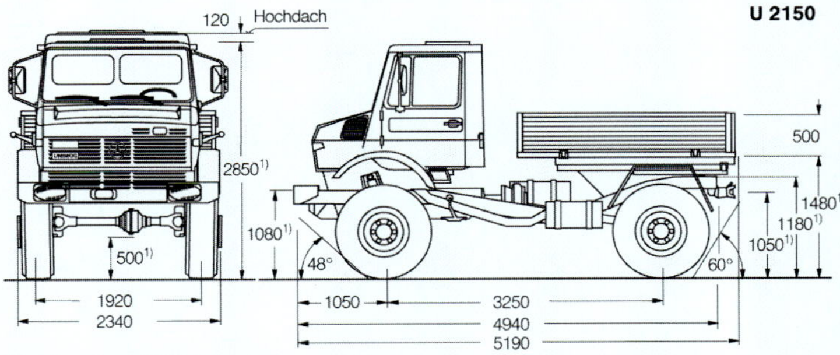

[1] bei Bereifung 13R22,5 unbeladen

U 2150 L

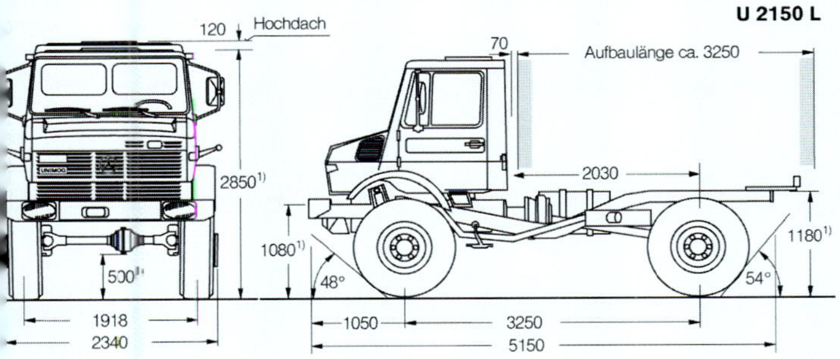

[1] bei Bereifung 13R22,5 unbeladen

U 2150 L/38

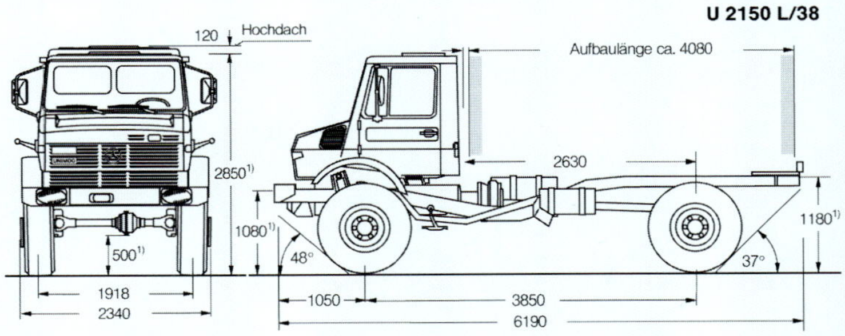

[1] bei Bereifung 13R22,5 unbeladen

U 2400

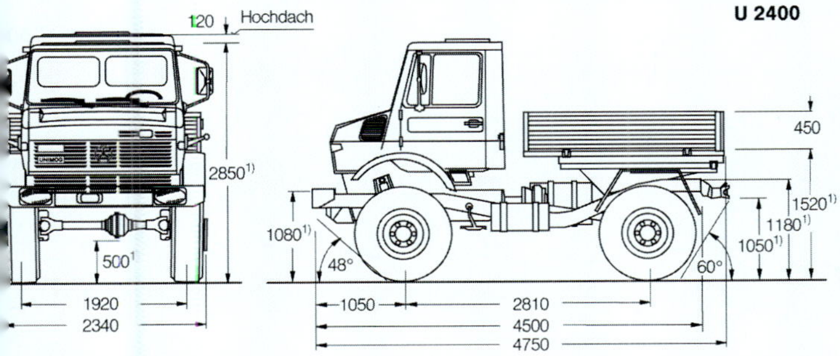

[1] bei Bereifung 13R22,5 unbeladen

U 2450

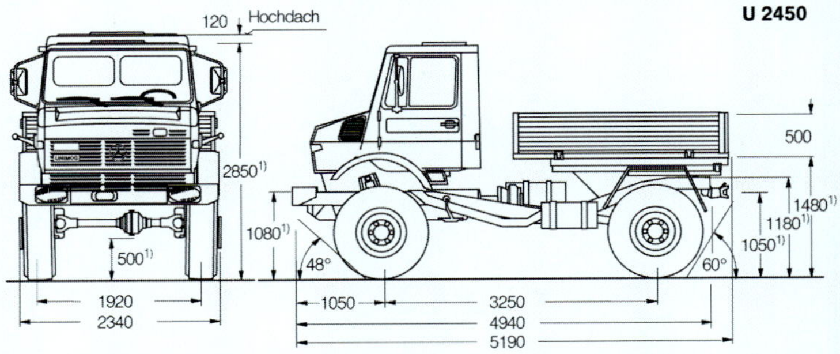

[1] bei Bereifung 13R22,5 unbeladen

U 2450 L

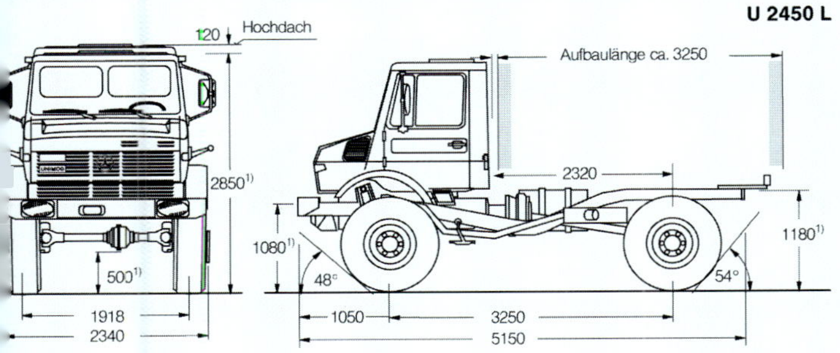

[1] bei Bereifung 13R22,5 unbeladen

U 2450 L/38

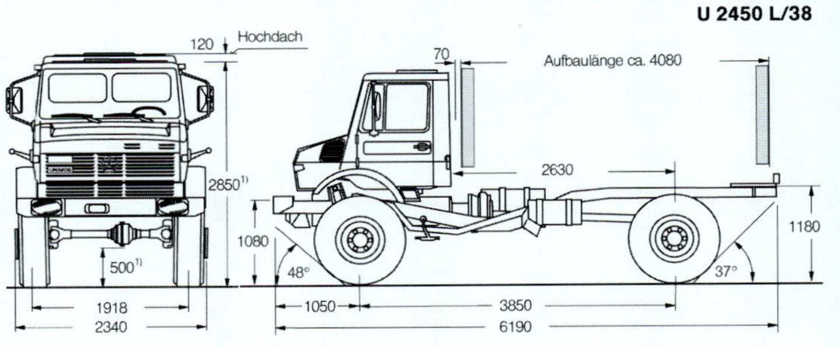

[1] bei Bereifung 13R22,5 unbeladen

U 2450 L 6×6

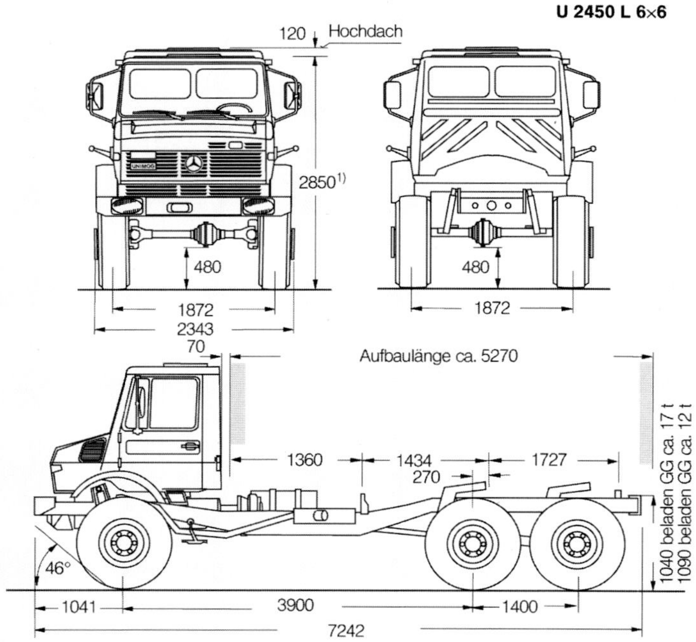

[1)] bei Bereifung 365/80R20 unbeladen

U 2400 TG

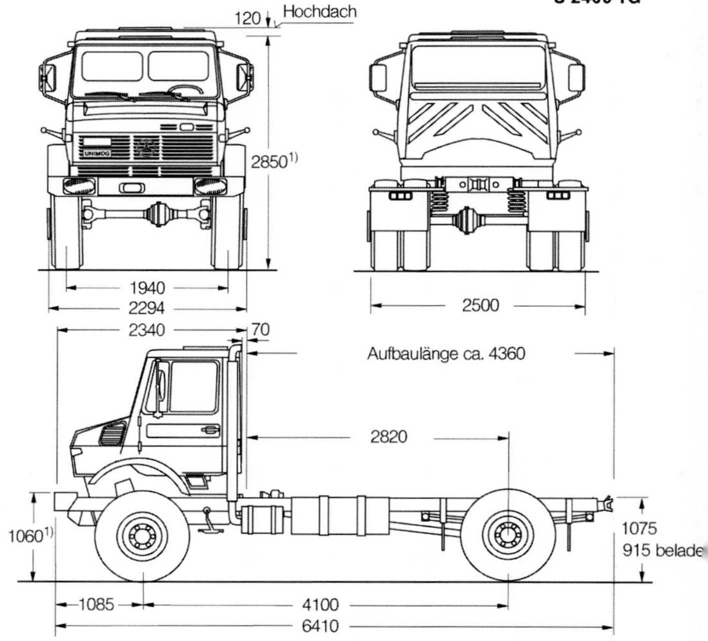

[1)] bei Bereifung 12R22,5 unbeladen

U 1400 T

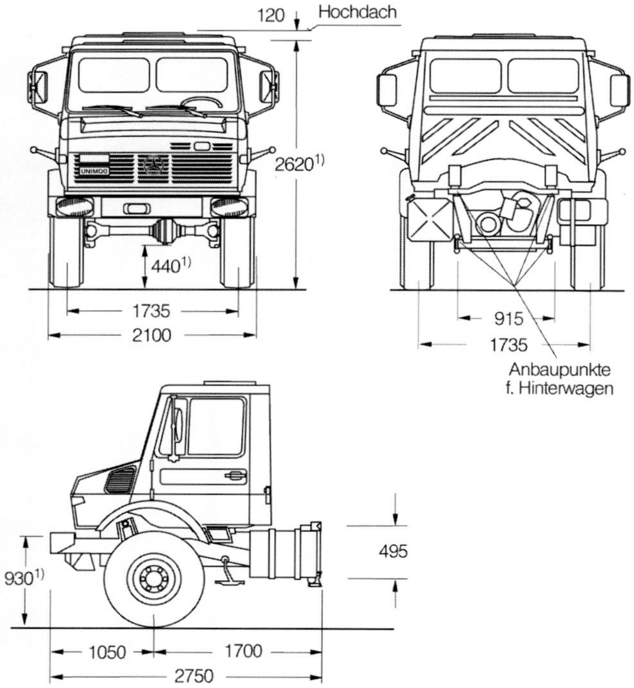

[1)] bei Bereifung 12,5R20 unbeladen

U 2100 T

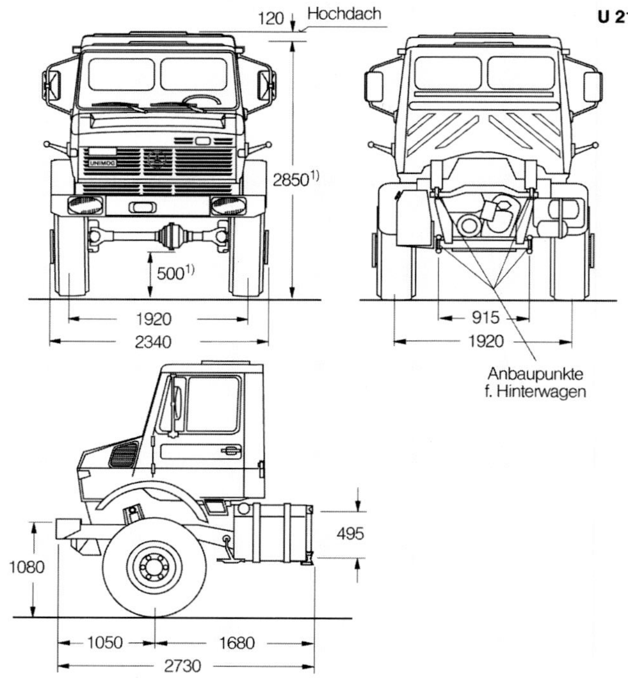

[1)] bei Bereifung 13R22,5 unbeladen

Branche	Kommunal, Bauwirtschaft						Kommunal, Bau, Industrie, Energiewirtschaft			Expedition
Einsatzgebiet	Straße Befestigte Oberflächen		Straße Winterdienst				Straße Gelände Winterdienst			
Weniger geeignet	Weiche Oberflächen mit geringer Tragfähigkeit Hoher Aufbauschwerpunkt						Sand			
Profil	Conti RT 6	Mich XZY	Dunlop SP 511	Mich XT 4	Mich XM + S 2	Semperit M 282	Conti MPT 80	Conti MPT 81*)	SP Dunlop PG 8	Mich XZL*)

Laufrichtungs-gebunden	nein						ja	nein	ja	nein
Größe	12R22,5 152 K 13R22,5 154 K	12R22,5 152 K 13R22,5 154 K	12R22,5 152 K 13R22,5 154 L	12R22,5 152 L	315/80R22,5 154 M	13/80R20 153 K	10,5R20 128 J 12,5R20 128 J 134 J 12,5R20 132 J 139 J 147 J 14,5R20 132 J 143 J 152 J	275/80R20 134 K (10,5R20) 335/80R20 147 K (12,5R20) 365/80R20 152 K (14,5R20) *) ersetzt mittelfristig MPT 80 ab ca. 07/95	12,5R20 139 G 14,5R20 143 G 152 G	275/80R20 128 K (10,5R20) 335/80R20 134 K (12,5R20) 365/80R20 152 K (14,5R20) 375/70R20 146 K 365/85R20 164 G (13,00R20 Pilot) *) ersetzt XS, XL

Branche		Expedition Exploration	Bau, Energie, Tagebau	Landwirtschaft		Landwirtschaft Energie, Tagebau				
Einsatzgebiet	Gelände Sand	Straße Gelände Sand wenig tragfähige Böden	Straße Gelände erhöhter Traktionsbedarf auf wenig tragfähigen Böden	Gelände Grünland	Forst*)	Gelände hoher Traktionsbedarf auf wenig tragfähigen Böden	Sonderbereifung Schiene / 2-Weg		Sand wenig tragfähige Böden	
Weniger geeignet		Schlamm	Winterdienst	Winterdienst, Straße, Sand, permanent hohe Auslastung, hoher Aufbauschwerpunkt						
Profil	SP Dunlop PG 7	SP Dunlop PG 70	Dunlop SP T 9	Conti AC 70 G	Mich XM 27	Mich XM 47	Conti Titan	Conti RT 4	Conti E 7 Rib	Conti E 7 Grip

Laufrichtungsgebunden			nein	ja			nein			
Größe	14,5R24 144 G	455/70R24 154 G	335/80R20 139 G (12,5R20) 365/80R20 152 G (14,5R20) 405/70R20 152 G 405/70R24 152 G 455/70R24 154 G	405/70R20 136 G	275/80R20 125 G (10,5R20) 335/80R20 134 G (12,5R20) 375/75R20 136 G*)	405/70R20 136 G 425/75R20 148 G 445/70R24 151 G 495/70R24 155 G	10,5-20 134 G 12,00-20	10,00R20 146 K	18-20 140 D	22-20 152 D